CAD/CAM工程范例系列教材

职业技能培训用书

3D 打印入门工坊

主　编　王寒里　原红玲

副主编　冯安平　任爱梅

参　编　侯建明　陈开源　刘　璇　肖宏涛　骆德龙

主　审　刘　斌

机械工业出版社

本书基于产教融合理念，跨越产业与教育、企业与学校、工作与学习的领域，深度融合3D打印产业与3D打印相关专业学生培养的全过程。本书内容包括3D打印体验和3D打印基础训练两篇。3D打印体验把学习者领进一个神奇的世界，让其对3D打印技术产生浓厚的兴趣；3D打印基础训练以真实的项目为载体，讲解正向和逆向建模技术、市场主流3D打印设备基本操作及设备组装、维护和保养等内容，旨在让学生掌握3D打印工作岗位的职业能力，并认识到团队协作的重要性。

本书可作为高等院校和职业院校3D打印技术等相关专业的教材，也可以作为相关技术研究与开发人员的参考用书。本书配有相关教学资源，为便于教师选用和组织教学，选择本书作为教材的教师，可登录机工教育服务网（www. cmpedu. com），注册后免费下载。

图书在版编目（CIP）数据

3D打印入门工坊/王寒里，原红玲主编. —北京：机械工业出版社，2018.5（2023.8重印）

CAD/CAM工程范例系列教材. 职业技能培训用书

ISBN 978-7-111-59602-8

Ⅰ. ①3… Ⅱ. ①王…②原… Ⅲ. ①立体印刷-印刷术-技术培训-教材 Ⅳ. ①TS853

中国版本图书馆CIP数据核字（2018）第065996号

机械工业出版社（北京市百万庄大街22号 邮政编码100037）

策划编辑：汪光灿 责任编辑：汪光灿 黎 艳

责任校对：佟瑞鑫 张 征 封面设计：张 静

责任印制：刘 媛

涿州市般润文化传播有限公司印刷

2023年8月第1版第4次印刷

184mm×260mm · 10印张 · 228千字

标准书号：ISBN 978-7-111-59602-8

定价：29.80元

电话服务	网络服务
客服电话：010-88361066	机 工 官 网：www. cmpbook. com
010-88379833	机 工 官 博：weibo. com/cmp1952
010-68326294	金 书 网：www. golden-book. com
封底无防伪标均为盗版	机工教育服务网：www. cmpedu. com

前　言

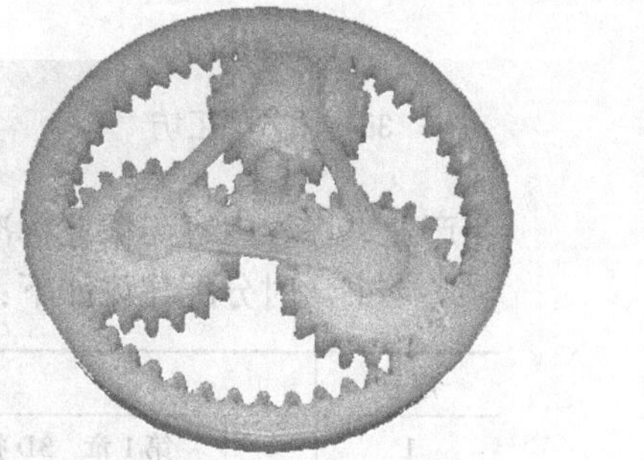

由于3D打印技术具有高度柔性、CAD模型直接驱动、成形快速、技术高度集成等特点，该技术很快得到了广泛应用。目前，我国3D打印技术已经从研发阶段转向产业化应用阶段，并与信息网络技术深度融合，给传统制造业带来了变革性的影响。3D打印技术有望成为中国高端制造业的重点环节，促进中国制造业升级。

基于产教融合理念及对互联网环境下商业场景革命的借鉴，编者所在的项目组开发了下图中的系列教材，本书是其中的第一本，是针对制造类专业学生普及教育的入门教材，旨在让学习者充分了解3D打印技术的历史、应用范围、3D打印原理、常见建模技术、3D打印典型企业、市场主流3D打印设备维护、3D打印技术体验等内容，并未深入涉及3D打印技术。3D打印的核心技术在后两本教材中体现。

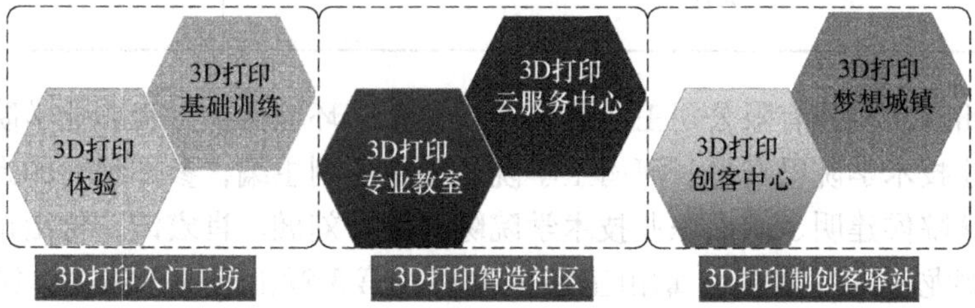

图　职业院校3D打印一体化教学场景的配置

本书包括两篇内容：让学生了解3D打印职业岗位的3D打印体验和初步学习3D打印职业技能的3D打印基础训练。3D打印体验让学生掌握3D打印基本原理、分类和应用等知识；3D打印基础训练以真实的产品为载体，让学生掌握正向和逆向三维建模技术、市场主流3D打印设备软硬件基本操作及设备组装、维护和保养等技术和技能；并通过项目考核，培养学生的责任感、协作精神、成本意识和6S管理意识。

本书教学建议如下：

（1）建立一体化的3D打印教学场景

基于产教融合理念，建立集企业生产、教育教学、技能提升、素质养成、社会服务于一体的3D打印理实一体化教学场景，并充分利用基于互联网的教育技术，让学生坐在教育的驾驶席上掌握专业技术和技能，把专业学习中的“授课”转化为工作中的“授业”。

（2）以真实的企业产品作为教学载体

引入企业实际案例，并按照产品生产过程组织教学过程，把3D行业技术标准融入课程教学标准，实现专业知识“行业化”；并使得3D打印产业与3D打印技术及其相关专业教学的全过程深入融合，跨越产业与教育、企业与学校、工作与学习的领域，真正实现“专业与产业、课程内容与职业标准、教学过程与生产过程、学历证书与职业资格证书”的对接。

本书学时分配建议如下：

序号	内　　容		建议学时
1	上篇	第1章　3D打印激发生活梦想	2
2		第2章　3D打印的昨天、今天和明天	2
3		第3章　认识3D打印技术	6
4		第4章　认识3D打印建模技术	4
5		第5章　认识3D打印材料	2
6	下篇	第6章　熔融沉积（FDM）3D打印机	4
7		第7章　工艺茶杯熔融沉积（FDM）3D打印成形	6
8		第8章　光固化（SLA）3D打印机	4
9		第9章　生肖兔光固化（SLA）3D打印成形	6
10		第10章　选择性激光烧结（SLS）3D打印机	4
11		第11章　视频头选择性激光烧结（SLS）3D打印成形	6
12		附录A　国外3D打印典型企业	1
		附录B　国内3D打印典型企业	1
共计			48

本书由广州双元科技有限公司王寒里总经理和广东环境保护工程职业学院原红玲教授任主编，佛山职业技术学院冯安平、河南工学院任爱梅任副主编，参加编写的人员有广东环境保护工程职业学院侯建明、佛山职业技术学院陈开源、刘璇、肖宏涛，佛山市顺德区格越电器有限公司骆德龙。其中第1、2章由王寒里编写，第3章由冯安平编写，第4、5、8章由原红玲编写，第6章由侯建明编写，第7章由陈开源编写，第9章由刘璇编写，第10章由任爱梅编写，第11章由肖宏涛编写，附录由骆德龙编写。全书由王寒里统稿，并由华南理工大学刘斌教授主审。

在本书编写过程中，杭州先临三维科技有限公司、魔猴网（www. mohou. com）3D打印云平台和陕西恒通智能机器有限公司等提供了大量的帮助，在此一并表示感谢！本书参考的部分文献列在书后，在此对文献作者表示感谢！

由于编者水平有限，书中错误之处在所难免，恳请读者批评指正。

编　者

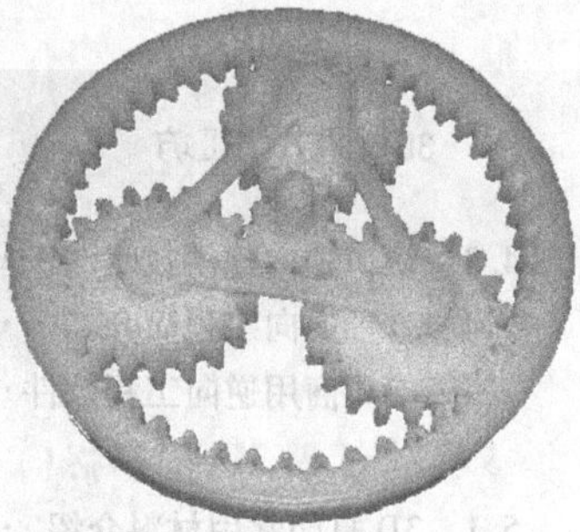

目 录

下篇 3D打印基础训练

上　篇

3D打印体验

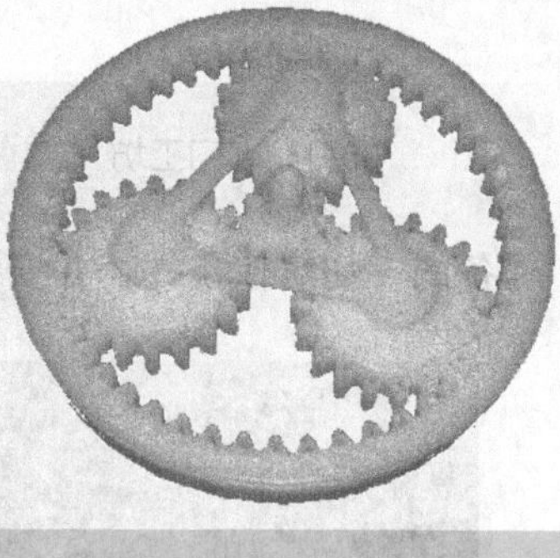

第1章

3D打印激发生活梦想

1.1　3D 打印走进我们的生活

1.1.1　娶妻不愁房，3D 打印别墅设施一应俱全

2016 年 9 月 8 日，山东省滨州市，两套使用 3D 打印技术一次性“打印”出来的中式风格别墅亮相引关注。别墅外景如图 1-1 所示，你能想象吗？一栋豪华的大别墅和屋内所有的家具全都是用计算机程序打印出来的，不需要人工建造。

图 1-1　3D 打印别墅外景

这两套完全由 3D 打印技术建造出来的别墅，屋内设施一应俱全，不但环保，价格还便宜。别墅近景如图 1-2 所示，从内部正在装修的情况看，该组别墅完全具备普通房屋应该具

图 1-2　3D 打印别墅近景

备的一切居住条件，并安装了空调系统，令参观者耳目一新。别墅内景如图 1-3 所示。

图 1-3　3D 打印别墅内景

与普通人造房屋不同，3D 打印出来的墙体是凹凸不平的波浪形。据了解，使用“轮廓工艺”3D 打印技术可以用水泥混凝土为材料，按照设计图的预先设计，用 3D 打印机喷嘴喷出高密度、高性能混凝土，并逐层打印出墙壁和隔间、装饰等，再用机械手臂完成整座房子的基本架构，如图 1-4 所示。全程由计算机程序操控，大大减少了人工成本，不但节省费用，还更快更环保。

1.1.2　首台自动化妆机 MODA，30 秒内将妆容 3D 打印到脸上

2015 年 3 月 28 日，瑞典斯德哥尔摩的护肤品公司 Foreo 向公众展示了号称是“世界上第一台数字化妆师”的自动化妆设备——MODA，如图 1-5 所示。

图 1-4　3D 打印房屋架构

图 1-5　MODA 自动化妆设备

Foreo 公司称，MODA 结合了尖端的 3D 打印技术和市场上先进的实时面部绘图软件。MODA 可配合一款简单直观的 APP 使用，用户通过智能手机从几十个内置的妆容中选择自己最喜欢的一种，如图 1-6 所示。选好之后，APP 会将该妆容与拍摄到的用户面部照片相结合，展示化妆后的效果。如果用户对效果满意的话，她们只需把自己的脸部放到 MODA 上，

MODA 首先对其进行 3D 扫描，然后在 30 秒内将化妆品 3D 打印到用户的脸上。

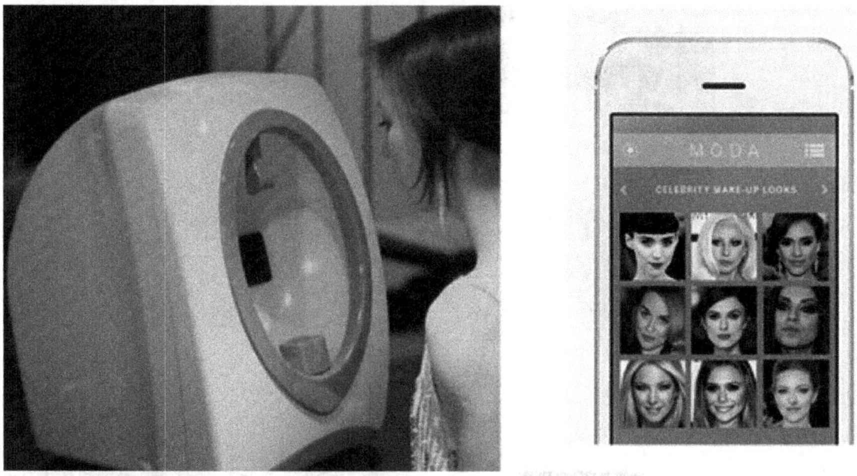

图 1-6　MODA 设备内置妆容

MODA 内部安装了 2000 个非常细的喷嘴，能够以 40μm 的精度同步调整。它主要通过三个步骤完成对用户的化妆过程：第一个步骤是打底妆（Primer），通过其 SPF 配方确保对面部的持久覆盖以及保护皮肤免受紫外线伤害；第二步是铺粉底（Foundation），以突出用户的面部轮廓；最后一层 3D 打印则是为其双颊、嘴唇和眼睛添上靓丽的色彩，如图 1-7 所示。由此可见，MODA 其实是一种非常特殊的 3D 打印机，它的打印对象就是女士脸部那薄薄的一层化妆品。

图 1-7　MODA 设备化妆步骤

通过移动 APP 将允许用户在一个名人妆容库中进行选择，将一张最炫的明星妆容（图 1-8）复制到自己的脸上。若找不到与用户的脸型类似的妆容怎么办？APP 将自动为用户筛选。“Uniquely You”（独特的你）模式如图 1-9 所示，可以根据用户个人的面相特征提供建议。这项技术在理论上是完全有可能实现的，这将是全球彩妆业的一次彻底革命。

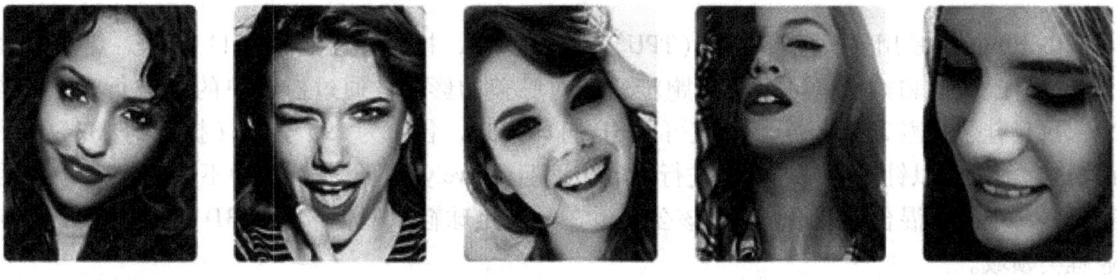

图 1-8　MODA 名人妆容库

1.1.3　全 3D 打印鞋体，美国这家初创公司叫板耐克、阿迪达斯

位于美国西雅图的初创公司 Prevolve 推出了首款 3D 打印鞋，这款 3D 打印鞋命名为 Bio-

Runners，如图 1-10 所示，可以根据客户脚型进行定制设计，并使用 3D 打印机制造。

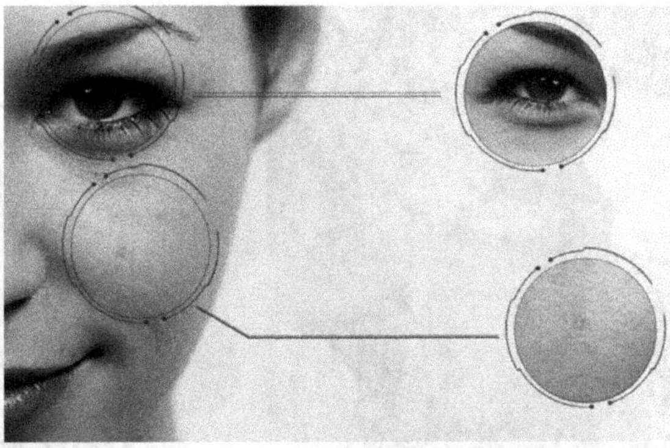

图 1-9　MODA 设备的“Uniquely You”模式

图 1-10　3D 打印鞋 BioRunners

BioRunners 是用热塑性聚氨酯（TPU）3D 打印的，打印过程如图 1-11 所示。热塑性聚氨酯具有耐久性和柔性，可以缓冲跑步运动对膝盖的影响。通过对客户的脚进行 3D 扫描后，每只鞋子只需 20 ~ 30 个小时就可以 3D 打印出来，售价为 195 美元（折合约 1324 人民币）。它不仅可以针对客户的脚型进行定制，而且 Prevolve 还会提供三种不同的鞋底，适用于公路、小径或混合型道路。目前该公司也在开发足球鞋原型，希望将 3D 打印技术带入专业鞋类领域。

公司创始人 Oliver Brossmann 表示打造这款 3D 打印鞋的初衷是想要解决个人的膝盖问题。该公司创始人 Oliver 曾受膝盖问题困扰，因此还放弃了成为一名职业足球运动员的梦想。为了治疗膝盖疼痛的问题，Oliver 开始尝试跑步，并发现情况有明显的改善。一次偶然机会，他在某杂志上看到一篇关于 3D 打印的文章，作为一名商学院的学生，Oliver 发现 3D

打印轻量级定制鞋有助于改善膝盖疼痛问题，商业前景可观。

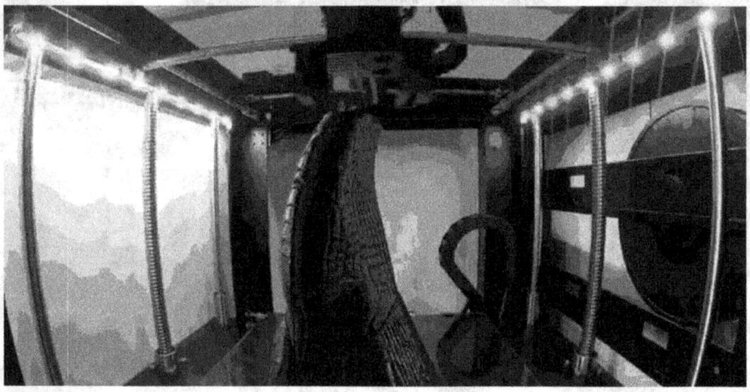

图 1-11　BioRunners 鞋 3D 打印过程

尽管 3D 打印鞋类日渐受欢迎，但目前市场还是相对空白的。著名运动装备制造商 Nike 和 Adidas 都已经开始使用 3D 打印技术进行生产，目前受众范围较少。而 Oliver 表示，他们生产的 3D 打印鞋售价便宜，将经由美国和世界各地的零售商进行零售，未来将会把更多的精力投放在营销上。

1.1.4　国外高手用树脂材料 3D 打印出保时捷 356 发动机

保时捷迷 Giuseppe Guerini（朱塞佩）用 3D 设计和 3D 打印技术重新制造了一台非常受欢迎的保时捷发动机，如图 1-12 所示，完全复制出了保时捷 1952 的 356 发动机的 1∶4 模型。该项目使用大卫激光扫描仪，用犀牛和 Meshmixer 软件建模，然后在 Formlabs 的意大利合作伙伴 Creatr 的帮助下打印出了整个模型。

用 Formlabs 的 Form 2 树脂打印机打印出来的模型，对分辨率的要求比较高，而且价格也在可承受的范围内。为使模型颜色更接近原始组件，朱塞佩采用专业模型用的金属油漆喷枪，如图 1-13 所示。打印材料使用了包括透明树脂在内的三种树脂材料，250 个小件，分 5 批次打印，总耗时 45 个小时，后处理中还有许多非常小的孔需要精细处理，使用了 M1.6、M2 及 M2.5 规格螺钉。然后经过打磨、上漆，最后花了 4 个小时组装完成。模型细节如图 1-14所示。

图 1-12　3D 打印的保时捷 356 发动机

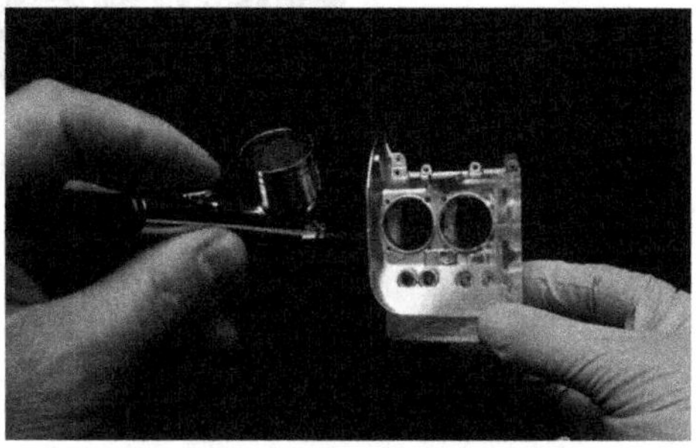

图 1-13　3D 打印金属油漆喷枪

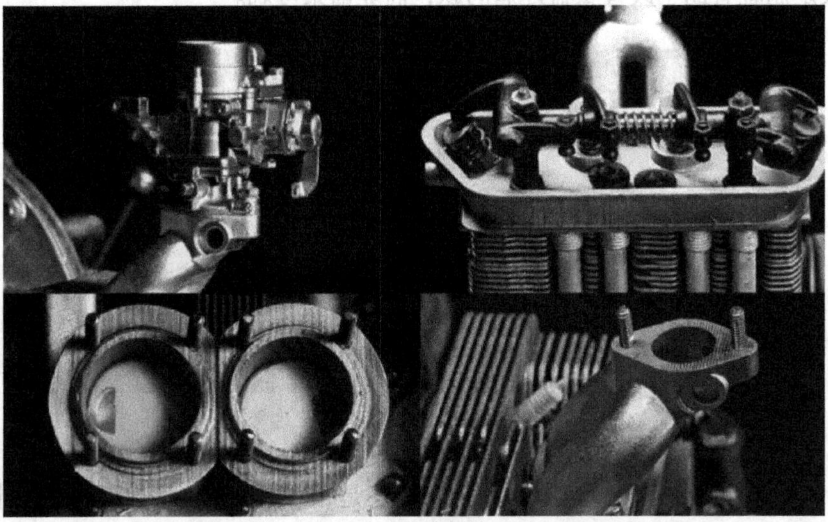

图 1-14　3D 打印的保时捷 356 引擎细节

1.1.5　保护文化遗产，3D 打印复制还原“中国第二敦煌”

2011 年，上海印刷集团旗下商务数码图像技术有限公司与新疆龟兹研究院合作开展龟兹洞窟数字化与还原保护工程项目，目前龟兹洞窟数字化与还原保护工程项目已完成 9 个洞窟的数据采集保存。在上海青浦的中华印刷博物馆里，参观者可以看到新疆克孜尔石窟群中三个洞窟的实体还原版。在 2017 年第二十三届中国兰州投资贸易洽谈会上，上海团队带去克孜尔 14 窟的虚拟 VR 展示，只要佩戴 VR 眼镜就能“身临其境”探访石窟——数字印刷技术让文物“活”了起来（图 1-15）。

图 1-15　克孜尔 14 窟 VR 体验

1. 古龟兹文化的百科全书

今天的新疆阿克苏地区库车、拜城一带是中国古代西域大国龟兹所在地，也是唐代安西四镇之一。龟兹古国地处古丝绸之路上的交通要冲，曾是西域地区政治、经济和文化的中心。学者季羡林曾说：“龟兹是古印度、希腊罗马、波斯、汉唐文明在世界上唯一的交汇地。”

克孜尔石窟是古龟兹最大的一座石窟，也是新疆至今保存最完好的一座石窟。克孜尔石窟群现存壁画约 1 万 m^2，在世界上仅次于敦煌，被称为“中国第二敦煌”。克孜尔石窟也是中国历史上最早的佛教石窟，始凿于东汉，比著名的敦煌莫高窟还早三个世纪。龟兹石窟群的壁画内容丰富，不仅有表现佛教的“本生故事”“佛传故事”“因缘故事”等壁画，还有大量表现世俗生活情景的壁画，可谓古龟兹文化的百科全书。

2014 年 6 月 22 日，在卡塔尔多哈召开的联合国教科文组织第 38 届世界遗产委员会会议上，克孜尔石窟作为中国、哈萨克斯坦和吉尔吉斯斯坦三国联合申遗的“丝绸之路：长安—天山廊道的路网”中的一处遗址点列入《世界遗产名录》。

2. 像是把西瓜摊平再还原

上海团队要做的首先是把这些精美的艺术、洞窟的原貌一五一十地记录下来，留下数据，未来才有可能修复、还原。克孜尔洞窟形状、结构都不一样，内部坑坑洼洼，高低不平。对印刷来说，就是要把三维的东西摊开变成二维的，再还原成三维的。打个比方，就是要把一个西瓜摊平再还原，这个西瓜还是形状不规则、表面高低不平的。

如何解决问题？技术人员将 3D 打印和数字印刷这两种新技术结合运用，通过窟体及壁画扫描、图形拼接、颜色对比、模型建造及 3D 打印、装裱及彩绘 5 个步骤实现龟兹洞窟的复制还原。在对龟兹洞窟还原时，一是利用数字印刷的色彩管理技术，对 3D 模型数据进行色彩校正，最大限度保证 3D 打印颜色的精确性；二是以空间形态存在的文物使用 3D 打印方式复制（如佛像），以平面形态存在的文物使用数字印刷技术进行复制（如壁画）。以克孜尔新 1 窟为例，整个洞窟的立体模型是用 3D 扫描技术建造的，洞窟顶上的飞天壁画是用数字印刷的方式还原的。2012 年，克孜尔第 17 窟 1∶1 等比例复原建造完成，当年 9 月，该复制洞窟在山西大同举办的国际绘画双年展上展出，如图 1-16 所示，引起轰动。2013 年 7 月，上海国际印刷周人们又见到了克孜尔新 1 窟佛像残体和洞窟的复制品，如图 1-17 所示。不管从空间结构还是从色彩上看，还原度非常高，还原相似度达 100%，还原色彩精度达 98%。

图 1-16　克孜尔 17 窟复原石窟

图 1-17　3D 打印的佛像立像

1.1.6　钢筋穿脑小伙闯过“鬼门关”，3D 打印 peek 嵌补颅骨

1. 回放：小伙被钢筋穿脑　医生助他两闯死亡线

2017 年 9 月 14 日下午 4 时多，突然的车祸导致 26 岁的小袁瞬间意识空白。前面那辆车

上的钢筋如何贯穿了他的头部，当时情况如何惊险，他自己并无知觉。只是被成功抢救并清醒后，听到父亲和妻子的描述，才知道原来，自己在生死边缘走了一遭，差点儿就回不来了。

因伤情严重，小袁当晚10时被转到南方医科大学珠江医院重症医学科（ICU）。经ICU、神经外科、耳鼻喉科、脊柱外科、普通外科、口腔科等多个学科专家联合会诊，确定了紧急手术方案。钢筋从颈部刺入，已经损伤了颈部大血管和颈椎，颅骨、大脑和小脑都损伤严重，而且钢筋贯穿的位置紧邻颈内动脉、椎动脉，患者几乎可以说是命悬一线。

结合三维重建结果，医生们为小袁实施了钢筋拔出与颅内清创手术。在没有开颅的情况下，穿入患者脑内长达18cm的钢筋被成功拔除，而且没有大出血。第一道难关成功闯过。

然而，由于钢筋贯穿了整个颅底和颅顶，穿透了小脑幕和大脑镰，整个创道周围渗血慢慢积累，形成了不小的血肿。加之挫伤的脑组织不断水肿，对正常脑组织形成了较大的压力。第二天，医生再次为患者实施了手术，彻底清除了创道的淤血和失活脑组织，并将局部的颅骨去除，达到脑内减压的目的。手术整整持续了8个小时，患者病情再一次成功得到逆转。

神志慢慢清醒、病情逐渐稳定的小袁出院在家休养了2个多月后，语言、运动能力和视力都有了很大的进步。

2. 进展：3D打印补全缺损颅骨

2018年1月初，带着上次手术在颅骨上留下的两大块缺口，小袁再次来到珠江医院神经外科接受颅骨修补手术。经过充分的准备，医生将两块3D打印颅骨修补材料准确地植入小袁的头部。医生介绍，此次使用的3D打印颅骨，采用的是聚醚醚酮材料，相比以往通常采用的钛合金材料，具有与皮质骨相似的生物机械性能，有良好的生物学相容性和耐热、抗离子辐射等多种优势，比传统的钛金材料更贴合，而且通过机场安检、接受核磁共振等医学检查都不会受到影响，硬度也更强，在日常生活中更为安全。

为精确3D打印出患者的缺损颅骨，术前需通过头颅CT连续薄层扫描，构建出患者颅骨缺损三维重建图，再通过3D打印技术将新材料设计塑形，制成个体化的、与患者颅骨完美匹配嵌合的颅骨修补植入物，如图1-18所示。医生经过近3个小时的手术，顺利将3D打印的两块颅骨植入患者头部，手术圆满成功，患者已经基本康复。

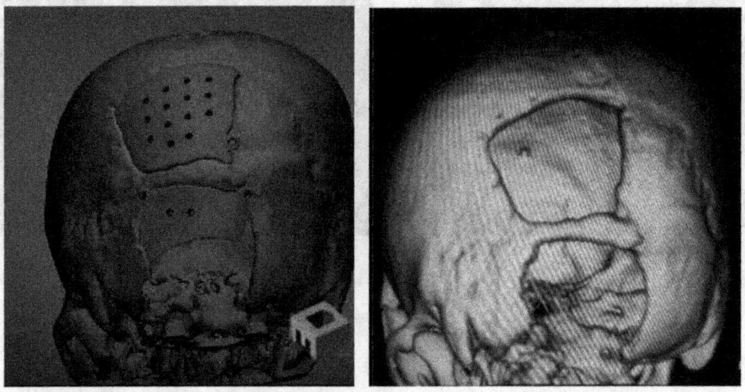

图1-18　颅骨植入两块3D打印的前沿材料进行修补（3D扫描图）

1.2　3D 打印的行业应用

3D 打印的行业应用优势主要包括复杂结构的设计得以实现，满足轻量化需求、提升强度和耐用性以及节省成本四个方面。对 3D 打印技术需求量较大的行业包括政府、航天和国防、医疗设备、高科技、教育业以及制造业。

1.2.1　3D 打印技术在航天和国防上的应用

在航空航天和国防工业领域，3D 打印应用规模近年来增长迅速。按照销售规模排名，3D 打印在航空航天业和国防工业的应用规模占比分别为 14.8% 和 6.6%。3D 打印技术已经被应用在航空发动机燃油喷嘴、国防装备再制造、飞机大型金属结构件、无人机快速制造和太空探索项目中。

3D 打印在航空航天和国防领域主要用于直接制造。其次，在设计验证过程中的应用也必不可少。相比传统制造，用 3D 打印技术进行设计验证省时省力。3D 打印还可以应用于维修领域，不仅能够极大地简化维修程序，还可以实现很多传统工艺无法实现的功能。

欧美已将 3D 打印技术视为提升航空航天、汽车及武器装备等核心领域水平的关键支撑技术之一。美国能源部大额资助 Sandia 及 LosAlomos 国家实验室，开展高性能金属零部件 3D 打印技术。

2001 年，在美国国防部的支持下 3D 打印技术由研究转化为 F/A-18E/F、F-22、JSF 等先进歼击机上的装机应用，2002 年成为美国航空航天国防武器装备大型钛合金结构件的核心制造新技术之一。3D 打印技术在航空航天领域主要研究进展：

1. NASA 测试有史以来最大 3D 打印火箭部件

美国航天局（NASA）在马歇尔航天中心对 3D 打印技术在太空飞行中的运用进行了新一轮测试，测试对象是火箭发动机部件。这个发动机部件是一台复杂的内部氧化物喷射器。当发动机点火时，这台喷射器会喷射燃料，为火箭起飞提供动力和推力，该部件对火箭发动机的运转至关重要，同时又直接暴露于极热环境。之前的喷射器模型由 115 个部件组成，制作起来大约需要半年的时间，而这个 3D 打印的版本却只有两部分，使用镍铬合金粉末，只需要不到一个月就逐层打印出来，比传统的喷射器成本降低一半。

NASA 对该部件进行了测试，测试的环境非常恶劣，试验是在每平方英寸（1 英寸 = 25.4mm）压力高达 6233N、温度接近 3315℃的环境下进行的。测试结果显示这些 3D 打印的喷射器与传统制作的喷射器在性能上没有显示出区别，它可以帮助发动机产生 8.82×10^5N 的推力。

马歇尔航天中心工程处主管克里斯·辛格说：“此次对 3D 打印火箭喷射器的成功测试使 NASA 进一步证明，这项创新技术可以降低飞行硬件的成本。”展望航空航天和国防工业的未来，3D 打印在大型部件、航空发动机零部件、太空探索和无人机四个应用领域拥有巨大的发展前景。

2. GE 公司计划用 3D 打印技术制造发动机喷嘴

GE 公司收购了 Morris 技术公司以及 3D 打印服务快速质量制造公司。现在 GE 可以对 3D 打印进行大规模的工业试验。除了航空上的兴趣外，GE 还在使用 3D 打印来设计新的超声探针。计划用 3D 打印技术来大规模制造发动机部件，如果这项计划成为现实，那么汽车的成本将有可能大幅下降，汽车的生产周期也会大幅缩减。

GE 公司与斯奈克玛合作，利用增材制造技术生产 LEAP 发动机的喷嘴。每台 LEAP 发动机需要 10～20 个喷嘴，GE 每年将需要制造约 25000 个。除了航空部门，其他 GE 部门也在研究 3D 打印如何改进产品设计和生产。GE 一直在用 3D 打印做实验，制造超声探针，并且寻找在风轮机中使用该技术的方法，以及设计新的燃气轮机零件。

3D 打印的火箭发动机喷射器如图 1-19 所示。

图 1-19　3D 打印火箭发动机喷射器

1.2.2　3D 打印技术在医疗行业的应用

有没有想过，有一天人类的手指、小腿、内脏甚至血管都可以通过 3D 打印技术打印出来？科技正在让这一设想变成可能，因为 3D 打印技术正在越来越多地应用到医疗领域，3D 生物打印技术开始兴起。目前，全球多个国家的科学家都在致力于研发 3D 生物打印技术，尝试打印器官、血管、肌肉、细胞等。

3D 打印科技对医疗行业最重要的价值之一是其“精准的定制化”。不久前，美国加利福尼亚州的生物技术公司 ISCO 发布消息，称其已经开发出了一款新的生物 3D 技术，可以显著提高生物打印干细胞的质量和功能。这种新的技术打印出来的 3D 肝组织，可以替代人体的受损肝组织，帮助恢复肝功能。还有结合 3D 打印技术和多光子聚合技术，成功打印出了人造血管。该人造血管可以和人体组织之间实现“沟通”，不会产生器官的排斥，且可以生长出类似于肌肉的组织。

目前，我国 3D 打印市场份额的 2/3 被医疗和外科中心所占据，而且在未来很长一段时间医学领域的应用将牢牢占据首要位置。国内一些医疗机构有成功的临床案例，其主要应用实例有：人体植入物、手术导板、医疗器械等。3D 打印除了辅助医疗、制造部分人体器官以外，在提供订制、个性化的医疗仪器设备方面也有巨大潜力。首先，利用喷墨式 3D 打印技术可以生产独特计量的药物。这种制药方式是对传统药物制造行业的一项挑战，通过该工艺制造的新型制剂已经通过了多种药物测试。

其次，通过 3D 打印技术可以更精准地控制复杂的药物释放曲线。药物释放曲线可以显示出药物在患者体内是如何释放的以及药物的分解时间。亲自设计和打印药品，会帮助研究人员更容易了解它们的释放曲线。

最后，3D 打印技术可以给患者提供个性化的药方。通过使用全新的材料，3D 打印技术可以根据客户的需求制作出差异化的口服药。也就是说，可以为每一位患者量身打造专属于自己的药物。

1. 在医疗诊断、教学和外科领域的应用

（1）设计和制作植入体　运用 3D 打印技术，设计师可以根据特定病人的 CT 或 MRI 数据，而不是标准的解剖学几何数据来设计并制作对应特定病人的植入体，如图 1-20 所示。这样可以使医务人员根据每个病人的具体解剖数据设计和进行手术，提高了手术的成功率，节省了病人的麻醉时间和整个手术的费用。

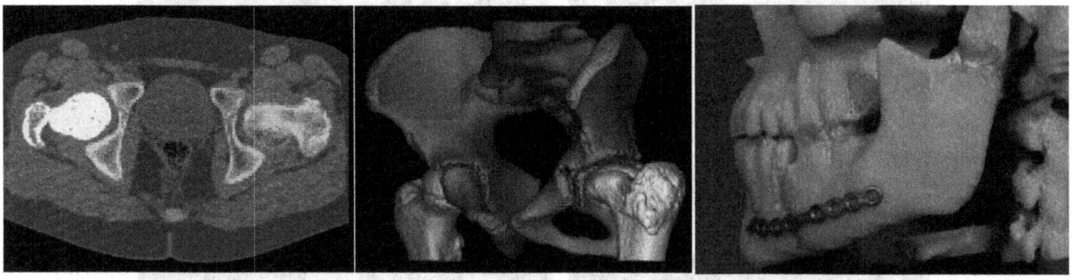

图 1-20　应用 3D 打印模型设计植入体

（2）外科手术规划　复杂外科手术需要在三维模型上进行演练以确保手术的成功。3D 打印技术可满足这种需求。由于有了特定病人的解剖模型，医务人员对具体手术部位的解剖结构有更加具体直观的认识，并在手术之前通过模型对手术进行仔细规划，如图 1-21 所示，从而提高了手术的成功率和手术质量。

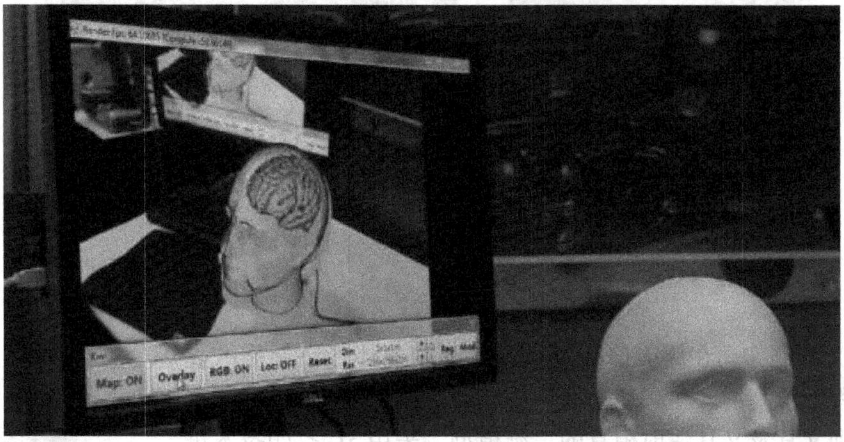

图 1-21　患者脑部 3D 模型帮助手术计划

（3）颌面修复　基于 CT 技术和 3D 打印技术的人体颌面缺损修复手术，是 3D 打印技术在医学领域里比较有价值的临床应用之一。

首先对患者头部进行螺旋 CT 扫描，得到最小间距的二维 CT 数据。通过设定骨骼的灰

度阈值，提取CT图像中的骨骼轮廓，得到患者病变区域的头颅模型。例如，某患者正颌外科的手术模型如图1-22所示。图像中左侧因肿瘤病变进行了切除。手术的目的就是通过切取病人体内的腿骨修复左侧下颌的缺损。在数据处理时还进行了右侧下颌骨的提取并镜像，用于3D打印以辅助手术。将上述处理完毕的数据文件，按要求的格式输入到3D打印系统进行加工制作。

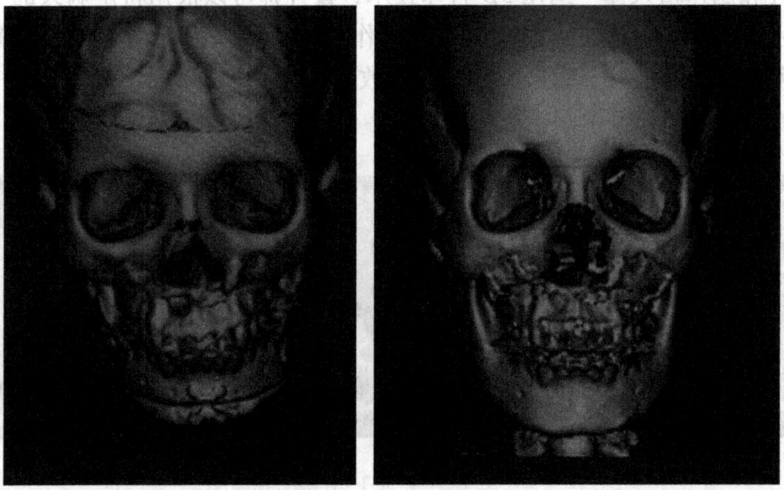

图1-22　患者正颌外科手术模型

某患者缺损的头颅骨SLA模型、小腿骨SLA模型及下颌骨SLA模型，如图1-23所示。

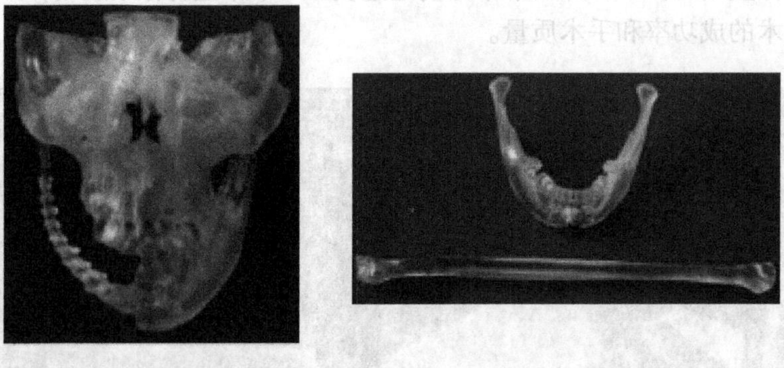

图1-23　颌面缺损的局部头盖骨、下颌骨及小腿骨SLA模型

（4）义耳制作　在颌面修复领域，义耳赝复体形态制作一直存在仿真程度不高的问题。基于医学CT三维重构技术，进行数据处理，得到义耳及义耳注射模具的三维模型，采用3D打印技术进行义耳注射模具的快速制作，便可得到几何形状仿真度比较满意的义耳赝复体。利用医学硅橡胶材料进行义耳的真空注射。在注射之前，需要对硅橡胶材料根据具体肤色进行配色。对硅橡胶材料进行配色后使用SLA 3D打印模具真空注射得到的义耳赝复体如图1-24所示。

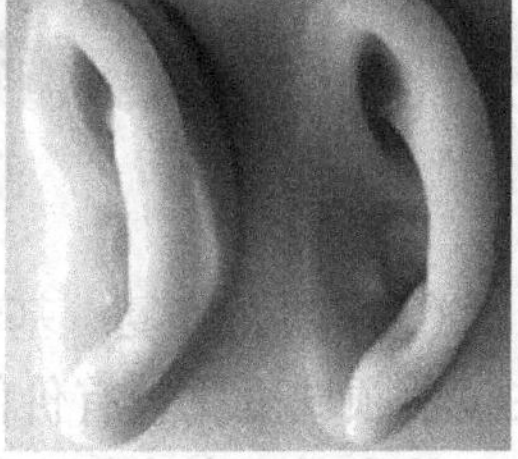

图1-24　义耳赝复体

（5）心血管模型制作　心血管系统由心脏、动脉、静脉和毛细血管等组成，准确复制心脏、血管、气管等软组织结构可以提供个性化软组织模型，在诊疗、手术和医学教学等领域具有重要意义。由心脏器官 CT 数据提取的右、左半部分心血管的三维结构数据，然后利用 3D 打印技术得到左、右心血管的三维结构，如图 1-25 所示。

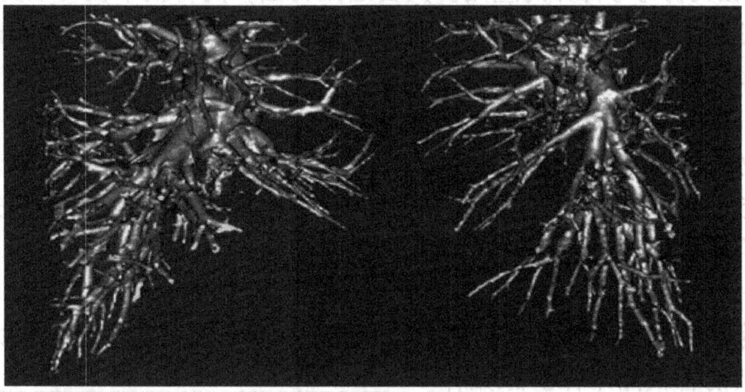

图 1-25　左、右心血管的三维结构

2. 在生物医学领域的应用

3D 打印技术在生物工程的应用起步较晚，但也取得了令人可喜的成果。例如，针对骨的具体结构进行 CAD 造型，然后利用内部细微结构仿生建模技术及分层制造，常温下用生物可降解材料边分层制造边加入生物活性因子及种子细胞，用 3D 打印技术制成的细胞载体框架结构来创造一种微环境，以利于细胞的黏附、增殖和功能发挥，以此达到组织工程骨的并行生长，加速材料的降解和成骨过程。归纳起来，目前 3D 打印技术在医学各个领域的应用情况如图 1-26 所示。

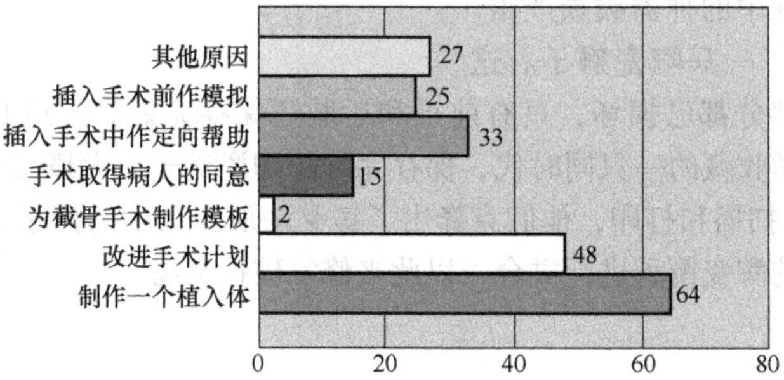

图 1-26　应用 3D 打印模型原因分类统计

随着生物材料的发展，3D 打印产品在医学领域的临床应用将不断增长，从骨再生植入到器官置换，应用范围更广泛。

3. 在法医学领域的应用

面部分析是法医工作的重要环节，图像资料结合 3D 打印技术可以快速、准确实现面部形态的图像重建或模型再现；也可用于某些重要物证的快速复制，以便进行深入分析。通过专用软件，建立面部形态的智能化分析系统，可重建各种面部形态，并允许根据需要进行一些面部特征的添加，继而可通过3D技术设备加工重建模型。

1.2.3 3D打印技术在考古行业的应用

3D打印在一些低调、古老的领域仍然发光发热，创造着科技与历史交相辉映的奇迹，这便是3D打印在文物与考古界的应用。只要运用得当，高科技不仅可以为人类开创未来，还有助于守护过去。去伪存真概括了文物保护工作的主要内容，而3D打印正是从去伪和存真两方面来发挥作用的。

1. 去伪——3D打印为文物建立完整的数字档案

对这些文物进行3D扫描，不仅能为文物保护研究建立完整、准确、永久、真实的三维数字档案，还能通过数字记录的方法为文物保护提供检测和修复依据。通过完整存录文物数据，强力打击了各种文物造假、盗窃行为，减轻了文物被盗赝品泛滥的现象。

2. 存真——3D打印生动还原残缺的文物古迹

较之于去伪，3D打印目前在文物保护领域施展更多的还是其存真的能力。博物馆里常常会用很多复杂的替代品来保护原始作品不受环境或意外事件的伤害，同时复制品也能将艺术或文物的影响传递给更多更远的人。某博物馆因为原始的托马斯·杰弗逊雕塑要放在弗吉尼亚州展览，所以博物馆用一个巨大的3D打印替代品放在了原来雕塑的位置，如图1-27所示。

图1-27 3D打印的托马斯·杰弗逊雕塑

美国哈佛大学闪族博物馆的考古人员曾从伊拉克的古城约尔干挖掘出一座古刹遗址。这座古刹中的神器破损严重，考古人员从中挑选了一只陶瓷狮子。这只陶瓷狮子身体大部分都已损坏，只有前爪和后肢还保存完好。经过几轮的挑选，他们以为，宾夕法尼亚大学收藏的一只同时代、保存完好的陶瓷狮子，大概与手头的残片有几分类似。所以，经过3D扫描和打印，他们克隆出了宾夕法尼亚大学的狮子，然后将狮子切割成几个部分，与破损的陶瓷狮子进行拼合，以此来修复破损文物。

1.2.4 3D打印技术在建筑行业的应用

1. 3D打印建筑模型

在建筑行业建筑模型是非常重要的，它能为客户对拟议的项目提供可视化完整版本，但是，模型的制作过程非常复杂，使用传统制作方法要准确再现缩小的细节是非常困难的，耗时很多。如果放弃一些非常重要的细节，往往会给设计与公司带来负面影响。现在工程师和设计师们已经接受了用3D打印机打印的建筑模型，如图1-28所示。使用3D打印技术快速、成本低、环保，同时制作精美，完全合乎设计者的要求。

2. 3D打印建筑实体

从荷兰建筑师耗时3年3D打印的水岸房屋，到盈创建筑科技在苏州3D打印的别墅和

图 1-28 3D 打印的建筑模型

公寓，再到迪拜即将3D 打印的未来博物馆，3D 打印技术自由造型的技术特点打开其在建筑领域应用的神奇之旅，建筑行业正在使用3D 打印技术改变着世界。

3D 打印技术可以为建筑物外墙添加更多的隔热材料，或者为楼梯间添加更多增强材料；还可以在打印建筑物结构时直接将水管、电路等管线直接预留出来。我国目前已有公司研制出 GRG、SRC、FRP、盈恒石等特殊的建筑打印材料，这些材料基本是由水泥、少量钢筋和建筑垃圾等材料制成的，可就地取材且对环境影响很小，不需要模板，定制性强，可塑性好，可打印出任何细节特点与复杂曲面、管道等。同时，还有打印成形的结构构件，不仅可以完成客户个性化定制，而且采用3D 打印技术制作的建筑，可节约人工和建筑成本，且其抗震效果和保温效果都会增强。如在上海亮相的 10 栋打印房屋，打印的就是一个外壳，类似于建筑工程中所使用的模板，不仅省去了支模的过程，而且节约了成本，与此同时在其中可以进行混凝土的二次浇注，梁柱仍然是使用钢筋绑扎的，由此国内 3D 打印技术可以应用于空心混凝土结构单元的建造中。图 1-29 为苏州 3D 打印建筑群实景。

图 1-29 苏州 3D 打印建筑群实景

1.2.5 3D 打印技术在制造业的应用

制造业也需要很多3D 打印产品，首先，数字化制造技术将大大减少直接从事生产的操作工人，劳动力所占生产成本比例随之下降。此外，数字化制造的个性化、快捷化和低成本能够更快地适应本地市场需求的变化，包括满足小批量产品的生产需求。第三，自从出现工厂以来，产品与消费者之间的距离从未如此接近。3D打印给消费者带来了在大规模生产和个性化制造之间进行选择的自由。第四，3D打印不需要模具，可以直接进行样品原型制造，大大缩短了从图样到实物的时间。

1. 模型、零件的感官评价

计算机软硬件技术的发展使传统的图样设计走向现代化的三维概念设计。尽管目前造型软件的功能十分强大，但设计出来的概念模型仍然停留在计算机屏幕上，处于只能看不能摸的状态，概念模型的实物存在感是设计人员修改和完善设计渴求而又必要的。形象化地形容3D打印系统相当于一台三维打印机，能够迅速地将CAD概念设计的物理模型非常高精度地“打印”出来。这样在概念设计阶段，设计者就有了初步设计的物理模型，借助于物理模型，设计者可以比较直观地进行进一步的优化设计，提高产品设计的效率和质量。如设计者可以进行模型的实际装配和模型的感观评价，根据成形或零件评价设计优劣，并加以修正，如图1-30所示。

图1-30 模型概念设计可视化

随着人们生活水平的提高，人们对于产品的需求不再停留在使用功能层面，对于物品的审美和艺术感要求更高。新产品的开发总是从外形设计开始的，外形是否美观和实用往往决定了该产品在市场中的竞争优势。

3D打印技术能够迅速地将设计师的设计思想变成三维实体模型，既节省大量的时间，又能精确地体现设计师的设计理念，为产品评审决策工作提供直接、准确的物理模型，减少决策工作中的不正确因素。

2. 结构设计验证和装配校核

利用3D打印技术制作的样件能够使用户直观地了解尚未投入批量生产的产品外观及其性能并及时做出评价，同时对产品的不良之处及时改进，缩短产品的开发周期，为产品的销售创造有利条件和避免由于盲目生产造成的损失。同时，投标方在工程投标中采用样品，可以直观、全面地提供评价依据，为中标创造有利条件。

在产品开发与设计过程中，由于设计手段和其他条件的限制，每一项设计可能存在一些人为的设计缺陷，如果未能及早发现，就会影响后续工作，造成不必要的损失，甚至会导致整个设计失败，并且使产品的设计周期大大延长，失去占领市场的先机。使用3D打印技术可以将这种人为的影响降到最低，提高产品的设计质量和设计效率。3D打印技术由于成形时间短、精度高，可以在设计的同时制造高精度的模型，及时反映设计者的设计理念，使设计者能够在设计阶段对产品的整体或局部进行装配和综合评价，发现产品潜在的质量缺陷和不合理因素，进而及时修正设计。因此，3D 打印技术的应用可把产品的设计缺陷消灭在设计阶段，最终提高产品整体的设计质量。

某汽车经过喷漆等处理用于外观评估的3D 打印模型如图 1-31 所示。

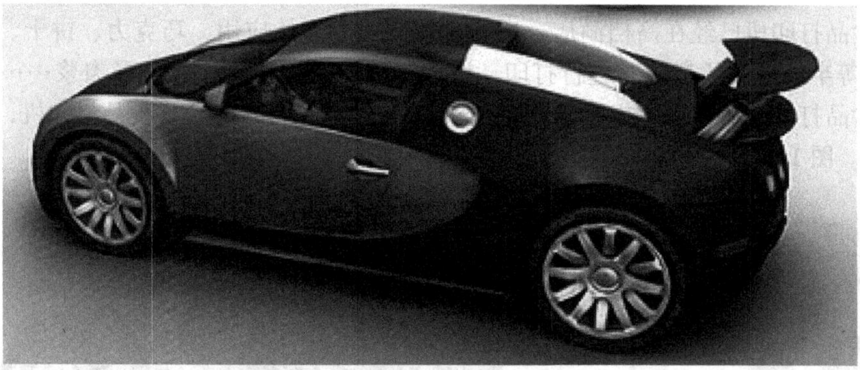

图 1-31　某汽车用于外观评估的 3D 打印模型

如果一个产品的零件数量众多而且形状结构复杂就需要做总体装配校核，避免产品的各零件间存在干涉，影响装配或使用性能。在投产之前，先用 3D 打印技术制作出全部零件，进行试装，验证设计的合理性和安装工艺与装配要求，若发现缺陷，便可及时、方便地进行修正，使所有问题在投产之前得到解决。某发动机气缸部件中气缸盖改进设计后用于装配检验的 LOM 模型如图 1-32 所示。

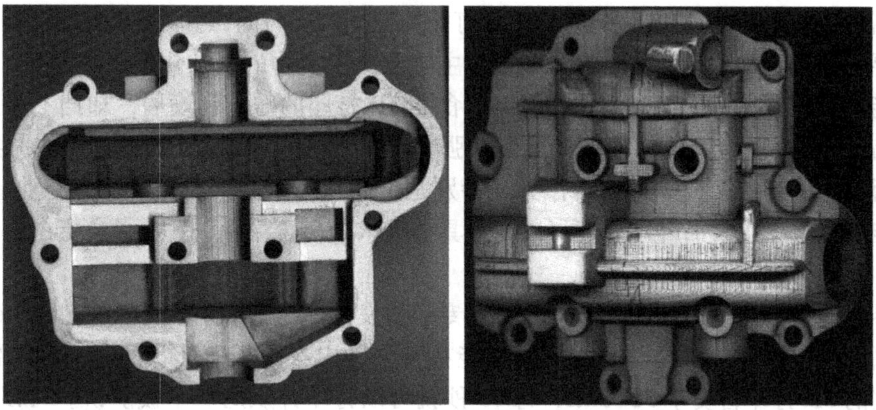

图 1-32　某发动机气缸用于检验的缸盖 LOM 模型

3. 性能和功能测试

3D 打印除了可以进行设计验证和装配校核外，还可以直接用于性能和功能试验与相应的研究分析，如机构运动分析、流动分析、应力分析、强度分析、流体和空气动力学分析等。

对各种复杂的空间曲面能体现 3D 打印技术的优点，如风扇、风毂、齿轮等设计的功能检测和性能参数确定，可获得最佳扇叶曲面、最低噪声的结构和最合理的齿轮啮合参数。

为检验电机风叶设计能否实现转动平衡，利用3D打印技术制作的用于转动平衡检测的LOM模型如图1-33所示。将模型装机运转检测，再根据检测信息进行数据优化设计，最终获得能够满足运转要求的优化的电机风叶。

1.2.6 3D打印技术在食品行业的应用

3D食品打印机已经在高档酒店、烘焙学校等地方开始应用，巧克力、饼干、奶酪、肉浆、果泥等半固体食品都能够进行打印，城堡巧克力、蝴蝶饼干、鱼形肉浆……仅需几分钟，3D食品打印机就能把你想要的食物打印出来，世界上第一台3D食品打印机，就是巧克力打印机。图1-34为3D打印的玫瑰巧克力。

图1-33 用于运动功能测试的风叶LOM模型

图1-34 3D打印的玫瑰巧克力

与传统方式相比，以3D打印的方式来制作食品速度较慢，因为在原料准备、设备调试、食品挤出后的冷却固化等步骤上，3D打印要花掉很多时间；并且3D打印食品的口味和质地都要明显逊色。这是因为，口味和质地主要取决于食物的复杂化学组成，而3D打印目前还不能完全复制所有的组成。这些限制了食品3D打印的需求和发展，却挡不住人们对定制化食品的需求。由于3D打印技术可以增强食品的某些营养成分，3D打印在一些食品领域，如面包、糖果的生产等都有所作为。特别是定制化需求高的烘焙、糕点行业，3D打印正是最佳方法，除了食品外形，还可以根据具体需求做出含糖量、含盐量、蛋白质含量不同的产品。

世界上首家3D打印食品公司BeeHex，专门研发的就是3D打印披萨饼。Beehex由多位科技界人士联合创立，该公司开发的原型能在4分钟内打印任何形状的可立即烤制的披萨饼，而它的3D打印售货亭3D Chef，每60秒就可以打印并烘烤一个披萨饼。可以说，Beehex提供的是借助3D技术制作定制口味的披萨烘烤一体机，连接APP后就成了可移动的披萨店。

虽然3D打印技术已涵盖汽车、航天航空、日常消费品、医疗、教育、建筑设计、玩具等领域，但由于打印材料的局限性，产品多停留在模型制作层面。目前3D打印技术的优势主要是缩短设计阶段的时间，使得设计者的模型实现起来比较便利。3D打印技术在各行业应用的实际意义，更在于设计环节中时间成本的节约。

第2章

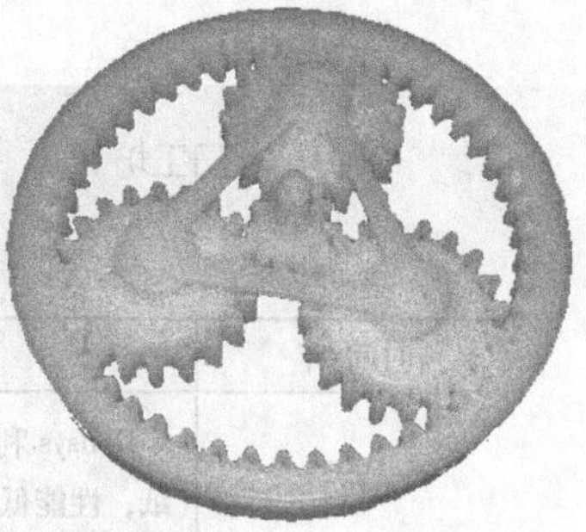

3D打印的昨天、今天和明天

2.1 国内外3D打印的发展现状

2.1.1 国外3D打印技术的发展现状

1. 3D打印技术发展史

3D打印技术是一种用材料逐层或逐点堆积出制件的制造方法。分层制造三维物体的思想雏形，最早出现在制造技术并不发达的19世纪。早在1892年，Blanther主张用分层方法制作三维地图模型。1979年东京大学的中川威雄教授，利用分层技术制造了金属冲裁模、成形模和注射模。光刻技术的发展对现代RP（快速成型）技术的出现起到了催化作用。

从20世纪80年代中期SLA成形技术发展以来到20世纪90年代后期，出现了十几种不同的3D打印技术。目前3D打印技术占主导地位的是3DP、SLA、LOM、SLS和FDM五种技术。

三维打印技术（3DP）的学名是增材制造，是指将材料一次性熔聚成形的快速制造技术，它以数字模型文件为基础，运用粉末状金属或塑料等可黏合材料，通过逐层打印并叠加不同形状的连续层方式来构造三维的任何物体。目前，3DP的热潮正席卷全球，受到媒体和资本市场的热捧。人们利用3DP技术成功研制出多种产品并制造零件，在精度控制上，3DP技术能够在0.01mm的单层厚度上实现600dpi的精细分辨率，在打印速度上可实现25mm/h的垂直速率，并可实现24位色彩的彩色打印。

3D打印技术作为“19世纪的思想，20世纪的技术，21世纪的市场”，其发展过程可以用表2-1进行简要的总结。

表2-1 打印技术发展历史

时间/年	事件
1984	美国人发明了立体光刻技术，可以用来打印模型
1986	Charles Hull成立公司，开始专注发展增材制造技术，这是世界上第一家生产增材制造设备的公司。此后，许多不同的增材制造技术相继涌现
1988	3D Systems公司推出的液态光固化树脂选择性固化成形机，标志着快速原型技术的诞生
1988	S. Scott Crump发明了另外一种增材制造技术，并成立公司
1989	C. R. Dechard利用高强度激光将材料粉末烤结，直至成形

（续）

时间/年	事　件
1992	Helisys利用薄片材料、激光、热溶胶来制作物体，然而该增材制造技术的原材料一直仅限于纸，性能低下
1993	麻省理工学院 Emanual Sachs 教授发明 Three-Dimensional Printing 技术，利用金属、陶瓷等粉末，通过粘结剂在一起成形
1995	Z Corporation 公司获得麻省理工学院的许可，利用 Three- Dimensional Printing 技术来生产打印机
1996	3D System、Stratasys、Z Corporation 分别推出 Actua2100、Genisys、Z402，第一次使用了“3D 打印机”的称谓
2005	Z Corporation 公司发布 Spectrum Z510，这是世界上第一台高精度彩色增材制造机；同年，英国巴恩大学的 Adrian Bowyer 发起开源 3D 打印机项目 RepRap，目标是做出自我复制机，通过增材制造机本身，能够制造出另一台增材制造机
2008	第1版 RepRap 发布，代号“Darwin”，能够打印自身50%的元件，它的体积仅一个箱子大小
2008	美国旧金山一家公司通过增材制造技术首次为客户订制出了假肢的全部部件
2009	美国 Organovo 公司首次使用添加制造技术制造出人造血管
2011	英国南安普敦大学工程师3D 打印出世界首架无人驾驶飞机，造价5000 英镑
2011	Kor Ecologic 公司推出世界第一辆从表面到零部件都由打印制造的车“Urbee”，该车在城市时速可达 100mile（1mile = 1609.344m），而在高速公路上则可飙升到 200mile，汽油和甲醇都可以作为它的燃料
2011	i. materialise 公司提供以 14K 金和纯银为原材料的 3D 打印服务，可能改变整个珠宝制造业

目前在欧美发达国家，3D 打印技术已经初步形成了成功的商用模式。如纽约一家创意消费品公司 Quirky 通过在线征集用户的设计方案，以 3D 打印技术制成实物产品并通过电子市场销售，每年能够推出 60 种创新产品，年收入达到 100 万美元。

2. 3D 打印行业国外政策环境

美国是 3D 打印技术的主要推动者，主要原因是美国将网络化制造视为其核心竞争力，而 3D 打印技术是美国网络化制造的关键支撑技术。美国政府对 3D 打印技术的发展起到了巨大的推动作用。

2011 年，奥巴马出台了“先进制造伙伴关系计划”（AMP），2012 年 2 月美国国家科学与技术委员会发布了《先进制造国家战略计划》；2012 年 3 月，奥巴马又宣布实施投资 10 亿美元的“国家制造业创新网络”计划（NNMI），在这些战略计划中，均将增材制造技术列为未来美国最关键的制造技术之一。

另外，欧洲研究人员和企业领导者也将增材制造技术视作一种重要的新兴技术。相比美国，虽然欧洲单个国家在增材制造技术研究方面的实力不强，但总体而言，其研发活动和基础设施并不逊色。欧洲的大学、企业和政府之间建立了众多增材制造技术联盟，有些甚至是跨国的。许多大型合作计划得到了数百万美元的资助，包括“大型航空航天部件快速生产计划”（RAPOLAC），面向大规模客户定制和药品生产的“自定制”（Custom

Fit）计划等。

2.1.2　国内3D打印技术的发展现状

1. 国内3D打印技术发展历史

国内自20世纪90年代初才开始涉足3D打印技术领域。

1990年，华中科技大学王运赣教授在美国参观访问时接触到了刚问世不久的3D打印机。之后，华中科技大学的快速制造中心，转攻以纸为原料的分层实体制造技术（LOM），并研发基于纸材料的3D打印设备。

1992年，西安交通大学卢秉恒教授（国内3D打印业的先驱人物之一）赴美作为高级访问学者，发现了3D打印技术在汽车制造业中的应用，回国后研究这一领域，1994年成立先进制造技术研究所。

1994年，华中科技大学快速制造中心研制出国内第一台基于薄材纸的LOM样机，1995年参加北京机床博览会时引起轰动。LOM技术制作冲模，其成本比传统方法节约1/2，生产周期也大大缩短。

1995年9月18日，卢秉恒教授（现为中科院院士）的样机在国家科委论证会上获得很高的评价，并争取到“九五”国家重点科技攻关项目250万元的资助。

1997年，卢秉恒团队卖出了国内第一台光固化3D打印机。

在国家的支持下，我国已在深圳、天津、上海、西安、南京、重庆等地建立了一批向企业提供3D打印技术的服务机构，推动3D打印技术在我国的广泛应用，使我国RP技术的发展走上了专业化、市场化的轨道。同时，国内多所高校开展了3DP技术的自主研发。西安交通大学自主研发的三维打印机喷头和光固化成形系统及相应成形材料，成形精度达到0.2mm；中国科技大学研制的八喷头组合喷射装置，在微制造、光电器件领域将得到应用。

2012年10月，由亚洲制造业协会、北京航空航天大学、清华大学等科研机构和企业共同发起的中国3DP技术产业联盟正式宣告成立。中国3DP技术联盟是目前为止全球首家3DP产业联盟，标志着中国从事3DP技术的科研机构和企业从此改变单打独斗的不利局面。

近年来，在深圳、南京、北京、江苏等地的企业已实现了3D打印机的整机生产和销售，这些企业共同的特点是由海外归国团队建立，规模较小，产品技术与国外厂商同类产品相比尚处于低端。目前，我国3D打印技术已经从研发阶段转向产业化应用阶段，并与信息网络化技术深度融合，给传统制造业带来变革性的影响。3D打印有望成为中国高端制造业的重点环节，促进中国制造业升级。

2. 近些年中国政府对3D打印产业的重视情况

2011年以来，我国3D打印产业快速发展。2012年3D打印市场规模不足10亿元，到了2014年已超过40亿元，增长幅度远远领先于世界其他国家。2017年，我国3D打印市场规模基本达到100亿元，未来几年中国3D打印市场仍将保持40%左右的增长速度，2018年有望突破200亿元，中国3D打印产业已进入高速发展期。初步预计，2021年达到400亿元左右，中国有望超越美国成为全球最大的3D打印市场。

为加快推动3D打印技术的研发和产业化，中国政府加强制度顶层设计和统筹规划，采取专项推进和机制创新，将广泛的社会资源与技术创新相结合，提升我国3D打印产业发展水平。

2014 年，《国家增材制造发展推进计划（2014-2020 年）》出台，明确了 3D 打印产业的发展方向，并且带领了中国的 3D 打印市场。2015 年 2 月，工信部、发改委、财政部三部门联合颁发的《国家增材制造产业发展推进计划（2015-2016 年）》，将 3D 打印的发展提升到国家战略层面，并明确指出：组织实施学校增材制造（即 3D 打印）技术普及工程。《中国制造 2025》中将 3D 打印作为加快实现智能制造的重要技术手段。

全国各地也正在把 3D 打印提上日程：陕西省提出要把打印做强做大，一方面省内正在建立一个打印产业战略联盟，包括西安交通人学、西北工业大学等高校，发挥强强联合的作用。陕西省科技厅专门设立了打印专项，从经费方面给予支持。

《珠江三角洲地区改革发展规划纲要（2008-2020 年）》提出了“到 2020 年，珠三角地区将形成以现代服务业和先进制造业为主的产业结构”的明确目标。从中可看出，3D 打印技术是珠三角地区区域经济发展的机遇。作为全球及国内制造业的重要基地之一，广东省具有较完善的市场基础、较强的产业转化能力，珠三角地区既是生产的中心，也是消费的中心。珠三角地区占据了国内 3D 打印产业 80% 的市场，广东企业的产品在部分欧洲国家的市场占有率也超过了 50%。

2.2 3D 打印与第三次工业革命

2.2.1 3D 打印拉开第三次工业革命的序幕

由于传统制造业面临自然资源、化石能源和生态环境的多方面制约，发展前景屡遭唱衰，预计以化石能源为基础的工业运行体系将逐渐崩塌，传统集约生产、批量制造的工业模式已经逐渐达到发展极限。互联网的普及和物质资源丰富在持续推动人类物质文化消费由同质化向多样化、个性化转变。以新一代信息技术为引领，新能源、新材料、新机械技术为支撑的第三次工业革命正在到来，未来分布式的制造业和众包式的服务业将成为人类社会化生产的主要形态，而 3D 打印正在此时拉开了制造业变革的序幕。

新能源成为未来全球经济发展的必然选择，可再生、清洁的新能源就成为了传统能源的必然替代品，如图 2-1 所示。而新能源分布式产出的特点，决定其无法像化石能源那样支撑传统制造业的集约生产方式。因此，未来的制造业必然是分布式的。在 3D 打印技术作为支撑的基础上，全球化的分工协作将从制造环节转移到研发设计环节——最终形成设计模型后，转化为产品将是任何一处工厂皆可完成的任务，向规模

图 2-1 新能源体系

求效益的模式将不复存在。

从新经济角度，3D 打印的“制造 + 服务”模式会改变人类现有的生活方式。批量生产模式难以满足日益个性化的用户需求，需求导向的社会化生产将更具优势。在新经济的发展过程中，通过持续的科技创新和劳动力水平提升，面向人们基本生存需要的农业和制造业的占比日益降低，以满足人类更高层次需求为目的的服务业越发重要。随着生产力水平的提升，人们开始在集约生产带来的同质化消费之上追求更高层次的个性化、定制化。新媒体、社交网络满足了人类在精神层面的个性化需求，而 3D 打印正是实现物质个性化的最佳解决方案。

2012 年以来，对第三次工业革命的探讨达到高潮。美国学者杰里米 · 里夫金称，互联网与新能源的结合，将会产生新一轮工业革命。而英国《经济学人》指出：3D 打印技术市场潜力巨大，势必成为引领未来制造业趋势的众多突破之一。这些突破将使工厂彻底告别车床、钻头、压力机、制模机等传统工具，而由更加灵活的计算机软件主宰，这便是第三次工业革命到来的标志。

2.2.2 3D 打印影响世界的十大方面

3D 打印业有望改变我们生活中的几乎每一个行业并助推下一次工业革命，3D 打印技术影响世界的十个方面体现在：

1. 大规模减少制造业对环境的破坏

在许多方面，3D 打印将会减轻浪费和碳排放。

(1) 减少材料浪费　3D 打印只使用构成产品的材料，极大地提高了原材料的利用率。

(2) 使产品的使用寿命更长　随着 3D 打印机的普及，产品部件损坏后使用者可以再打印一个新的，所以整个产品没有被扔掉，也减轻了产品生产商技术服务的压力。

(3) 减少了产品运输量　在传统经济中，很多产品往往要经过长途跋涉才能到达消费者手中。随着 3D 打印的普及，生产和装配可以在当地进行，原料将是唯一需要运输的东西，而且它们占用更少的运输空间。

(4) 厂商库存更少　3D 打印技术能够帮助公司实现按需生产，所以可以大幅度减少产品库存以及过时产品造成的浪费。

不过 3D 打印机本身存在不经济不环保的方面，如使用喷墨技术的 3D 打印机往往要浪费 40%~45% 的墨水，以及 3D 打印机的用电量往往比较大。随着打印机变得更加便捷，制造商正在改进改善这些问题。

2. 创建新的艺术媒介

“创客（Maker）”运动正在变得越来越小众，现在我们可以把它称作手工运动。3D 打印机正被用来创建一种新的现代艺术形式，如艺术家 Joshua Harker 在纽约 3D 打印展上展出的 3D 头饰。3D 打印机的复制功能对于博物馆也有很大帮助。例如，阿姆斯特丹的梵高博物馆已经与富士胶片合作制作了几个梵高画作的 3D 副本。

3. 教育创新

美国新媒体联盟（NMC）在《地平线报告 2013 年（基础教育版）》中指出，未来 4~5 年，3D 打印技术将成为主流趋势，走进中小学课堂，对现有教学产生深刻影响。我国国家工信部出台的《国家增材制造产业发展推进计划（2014-2016 年）》指出，要加快3D打印技术在创新教育中的应用。各高校响应李克强总理2015年在政府工作报告中提出的“大众创业，万众创新”，积极把学校的3D打印科研成果转化为现实生产力。

4. 在零重力空间进行3D打印

3D打印机可以帮助太空中的宇航员打印零部件、工具和其他小物件，它也可以在国际空间站进行零件制造。Made In Spac公司是由一群航天领域退役人员和3D打印爱好者组成的，他们已经与美国宇航局（NASA）马歇尔太空飞行中心建立了合作关系，准备向太空发射第一台3D打印机。这台打印机具备在零重力条件下制造零件的能力。NASA希望3D打印技术能使太空任务更加自给自足。

5. 革命性的大规模生产

大规模生产是3D打印面临的最大挑战，但随着大型3D打印机的使用和技术的迅速发展，以更快的速度制造零件的打印机在相关行业实现：

（1）食物　凡是液体或粉末形式的食物都可以3D打印，所以，3D打印的食物将会很重要。

（2）军事　军队使用的机械设备往往是高度定制化，而且容易更换的。现在已经能够3D打印枪支，所以3D技术进入这个行业只是时间问题。

（3）电子　小尺寸、形状规则和材料简单使得这个行业天然地适合3D打印制造。

（4）玩具　家用3D打印机和开源设计将改变孩子们实现创造和游戏的方式。

（5）汽车　汽车行业已经开始使用这项技术，福特公司利用3D打印验证零部件。

6. 改变医学和保健

生物打印是3D打印发展最快的领域之一。该技术采用喷墨式打印机制造活体组织。

卫理会人体研究所（Human Methodist Research Institute）的研究人员表示，他们开发了一种更有效地制造细胞的方法。即所谓的细胞块打印，这种方法可以使制造的细胞100%存活，而不是50%~80%的存活率。所有这一切自然引起了人们对复杂器官研发的关注，生物打印因牵涉道德、伦理和政治问题，注定要引起激烈的辩论。

7. 满足家庭生活需要

人类喜欢让自己的家变得更加便利。如今家用3D打印机正变得更小，更便宜。人们可以用它打印定制珠宝、家居用品、玩具、工具等。当家用电器出现问题时，他们也可以打印出零部件更换，而不是下订单等它们运过来。

8. 影响不发达地区

一些公益机构使用3D打印技术帮助发展中国家有需要的人。例如，许多发展中国家对于假肢的需求量很多，但这些产品往往技术复杂、价格昂贵。一位加拿大教授借助3D打印机发明了一种义肢，具备正常人手约80%的功能。

9. 对全球经济的影响

3D打印业将对全球经济产生深远的影响，它会大幅减少新产品的开发周期，越来越多的公司将更加关注客户的反馈和真正实现以客户为中心的产品设计和技术开发。3D打印技术也减少了新产品进入市场的成本，预计未来小型、微型企业将更具活力。

10. 知识产权威胁

当3D打印技术变成主流之后，免费设计注定会引来大量的知识产权问题。大多数设计是非专利的，因此它们可以被任何人复制。而花费了昂贵的成本设计出来的物体，也可以反向工程复制，以更便宜的价格出售。

现在，有些公司开始追踪一些模型共享网站用户，认为他们侵犯版权。其实，大多数设计师都会对原有的设计进行更改和优化，使它们更好，或者进行本地化，以更好地满足不同地区人群的需求。

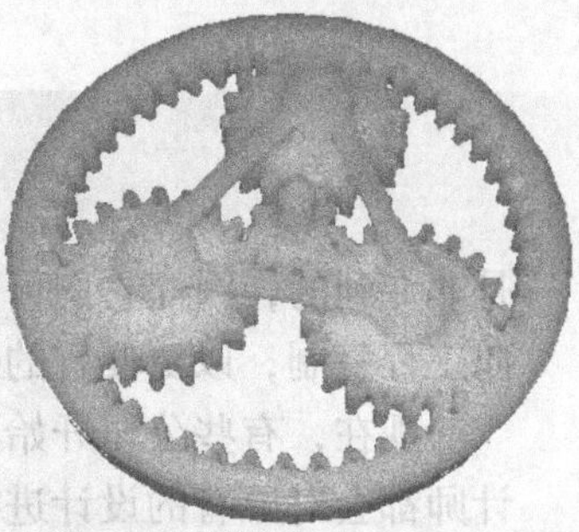

第3章

认识3D打印技术

3.1　3D 打印技术原理

3.1.1　3D 打印技术的含义

1. 成形方法分类

（1）去除成形　去除成形是利用分离的方法，按照要求把一部分材料有序地从机体上分离出去而成形的加工方式。传统的车、铣、刨、磨等方式都属于去除成形。去除成形是目前制造业最主要的成形方式。

（2）受迫成形　受迫成形是利用材料的可成形性（如塑性），在特定的外围约束（如模具）下成形的方法。传统的铸造、锻造、注射和粉末冶金等均属于受迫成形。目前，受迫成形还未完全实现计算机控制，多用于毛坯成形和特种材料成形等。

（3）添加成形　添加成形是利用各种机械、物理、化学等手段通过有序地添加材料来达到零件设计要求的成形方法。3D 打印技术是添加成形的典型代表，它从思想上突破了传统的成形方式，可以快速制造出任意复杂程度的零件，是一种非常有前景的新型制造技术。

（4）生长成形　生长成形是利用生物材料的活性进行成形的方法，自然界中生物个体的发育均属于生长成形，“克隆”技术是在人为系统中的生长方式。随着活性材料、仿生学、生物化学、生命科学的发展，这种方式将会得到很大的发展和应用。

将去除成形、受迫成形、添加成形进行比较，比较结果见表 3-1。

表 3-1　各种成形方法比较

项　　目	去除成形	受迫成形	添加成形
材料利用率	产生切屑，材料利用率低	产生工艺废料，如浇冒口、飞边等	材料利用率高，大多数工艺可达 100%
产品精度与性能	通常为最终成形，精度高	多用于毛坯制造，属于近净成形范畴	属于近净成形范畴，精度较好
制造零件的复杂程度	受刀具或模具等形状限制，无法制造太复杂的曲面和异形深孔等	受模具等工具的形状限制，无法制造太复杂的曲面	可制造任意复杂形状的零件

2. 3D 打印技术

3D 打印技术借助于计算机辅助设计方式，或者通过实体反求方法采集得到有关原型或零件的几何形状、结构和材料的组合信息，从而获得目标原型的概念并以此建立数字化模型，然后将这些信息输入到计算机控制的光、机、电集成的3D 打印系统，通过逐点、逐面进行材料的“三维堆积”成形，再经过必要的后处理，使其在外观、强度和性能等方面达到设计要求，从而快速、准确地制造原型或实际零件、部件，而无需传统的机械加工和模具技术。

这种新技术随着发明者和制造工艺特点不同而有许多名称，如快速成形（简称 RP)、自由成形制造（简称 FFF)、实体自由成形制造（简称 SFF)、直接 CAD 制造（简称 DCM)、分层制造（简称 LM)、增材制造（简称 AM）或材料增材制造（简称 MIM）和及时制造（简称 IM）等。不论何种名称，其基本思想是相近的，只是不同的工艺有不同的制造原理和工艺路线，采用不同的原材料，设备的使用功能不同。

3. 快速原型

快速原型是能基本代表零部件性质和功能的试验件，其表面质量、色彩等方面可具有零部件的特征，但不具备或者不完全具备零部件的功能。原型一般数量较少，主要用于实体观察、分析、实验、校核、展示、直接或间接制造模具。

与图样相比，原型可以为产品设计和开发提供许多有价值的资料。在设计部门内部，其他部门以及市场上的用户之间，原型是交流设计概念的最好工具。由于产品的复杂性和人们审美标准的提高，现在比过去更需要原型。

原型制造是设计、建造原型的过程。原型可以由两种方法得到：一种是利用已有的知识和技术，按目标要求进行设计、加工，或由设计者利用 CAD/CAM 系统，通过构想在计算机上建立原型的三维数字模型并将其加工成实物；另一种则是通过反求技术实现，即由用户提供一个实物样品，原封不动或经过局部修改后得到这个样品的复制品或仿制品。

3.1.2 3D 打印技术的原理及工艺过程

1. 3D 打印技术的原理

3D 打印技术属于添加成形，是一种材料累加法的制造技术。这种材料累加制造技术的制造全过程可以描述为离散/堆积。

首先需要设计一个三维 CAD 模型并输入计算机，或者通过三维反求方式得到一个三维实体模型并直接输入计算机；然后计算机处理系统将得到的三维模型以一定的高度分层，得到每层二维平面图形的信息（离散）；计算机控制系统把从模型中获得的几何信息与成形参数信息相结合，将其转换为控制成形机工作的数控（简称 NC）代码，加工得到不同层的平面样件，同时将二维平面样件有规律、精确地叠加起来（堆积），从而构成三维实体零件，如图 3-1 所示。

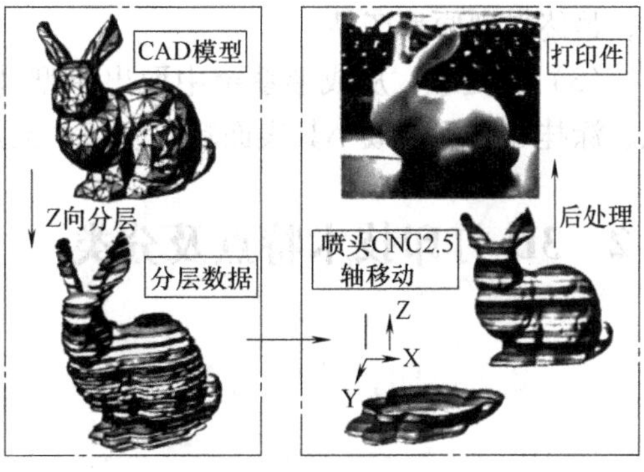

图 3-1 3D 打印技术的原理

2. 3D 打印技术的工艺过程

通过离散可获得堆积的顺序和方式，通过堆积可将材料构成三维实体。通俗地说，3D 打印技术就是利用三维 CAD 的数据，通过 3D 打印设备，将一层层的材料堆积成实体原型。

3D 打印的工艺过程可以归纳为以下三步，如图 3-2 所示。

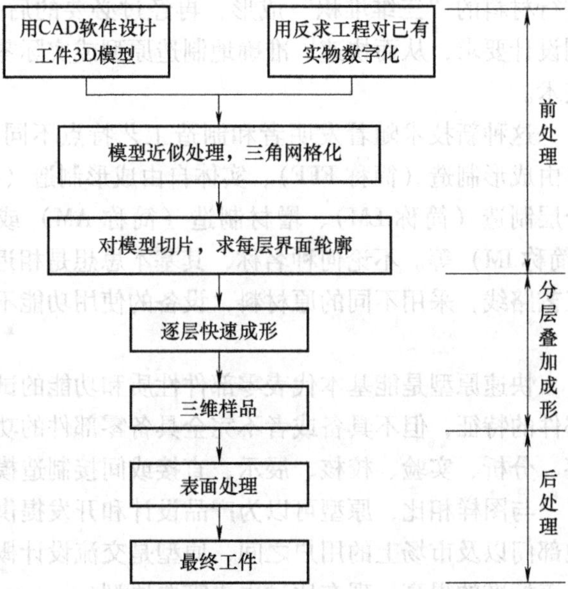

图 3-2　3D 打印工艺流程图

（1）前处理　它包括工件三维模型构造、三维模型近似处理、模型成形方向选择和三维模型切片处理。

1）产品三维模型的构建。由于 3D 打印系统由三维 CAD 模型直接驱动，因此首先要构建所加工工件的三维 CAD 模型。该 CAD 模型可以由两种方法建立，一种是利用 CAD 软件（如 Pro/ENGINEER、UG、SolidWorks 等）直接构建，即正向建模；另一种是对产品实体进行激光扫描或 CT 断层扫描，得到点云数据，然后利用逆向工程的方法来构造三维模型。

2）三维模型面型化处理。由于产品往往有一些不规则的自由曲面，加工前要对产品进行面型化处理，即用平面三角面片近似模型表面，以方便后续的数据处理工作。

STL 文件是 3D 打印系统所应用的标准文件。STL 文件用三角网格来表现三维 CAD 模型，它有两种格式：ASCⅡ明码格式和二进制格式。

3）三维模型切片处理。根据被加工零件的特征选择合适的加工方向，在成形高度方向用一系列一定间隔的平面切割近似后的模型，以便提取截面的轮廓信息。间隔一般取0.05～0.5mm，常用0.1mm，间隔越小，成形精度越高，但成形时间越长，效率就会越低；反之则精度低，效率高。

（2）分层叠加成形　根据切片处理的截面轮廓，在计算机控制下，相应的成形头（激光或喷头）按各截面轮廓信息做扫描运动，在工作台上一层层地堆积材料，然后将各层粘结，最终得到原型产品。

（3）后处理　从成形系统中取出原型件，进行工件的剥离后做固化、修补、打磨、抛光、涂挂等处理，减小其表面粗糙度值，或放入高温炉进行烧结，进一步提高其强度。

3.2　3D 打印技术特点及分类

3.2.1　3D 打印技术的特点

1. 3D 打印技术的优越性

它可以在无需准备任何模具、刀具和工装夹具的情况下，直接接收产品设计（CAD）

数据，快速制造出新产品的样件、模具或模型。因此，该技术的应用可以大大缩短新产品开发周期、降低开发成本、提高开发质量。

2. 3D打印技术的特点

（1）高度柔性　成形过程无需专用工具和夹具，可以制造任意复杂形状的三维实体。

（2）CAD模型直接驱动　CAD/CAM一体化，无需人员干预或较少干预，它是一种自动化的成形过程。

（3）成形过程中信息过程和材料过程一体化　可成形非均质并具有功能梯度的材料。

（4）成形快速　它适于现代竞争激烈的产品市场。

（5）技术高度集成　它是计算机、数控、激光、新材料等技术的高度集成。

以上特点决定了3D打印技术适合于新产品开发，快速单件及小批量零件制造，复杂形状零件的制造，模具与模型设计与制造，也适合于难加工材料的制造，外形设计检查，装配检验和快速反求工程等。

3.2.2 市场主流3D打印技术

3D打印技术是一系列快速原型成形技术的统称，其基本原理是叠层制造，由3D打印机在X-Y平面内通过扫描形成工件的截面形状，而在Z向间断地做层面厚度的位移，最终形成三维制件。目前市场上的3D打印技术分为FDM熔融层积成形技术、SLA立体平版印刷技术、SLS选区激光烧结技术、3DP技术、DLP激光成形技术和UV紫外线成形技术等，如图3-3所示。

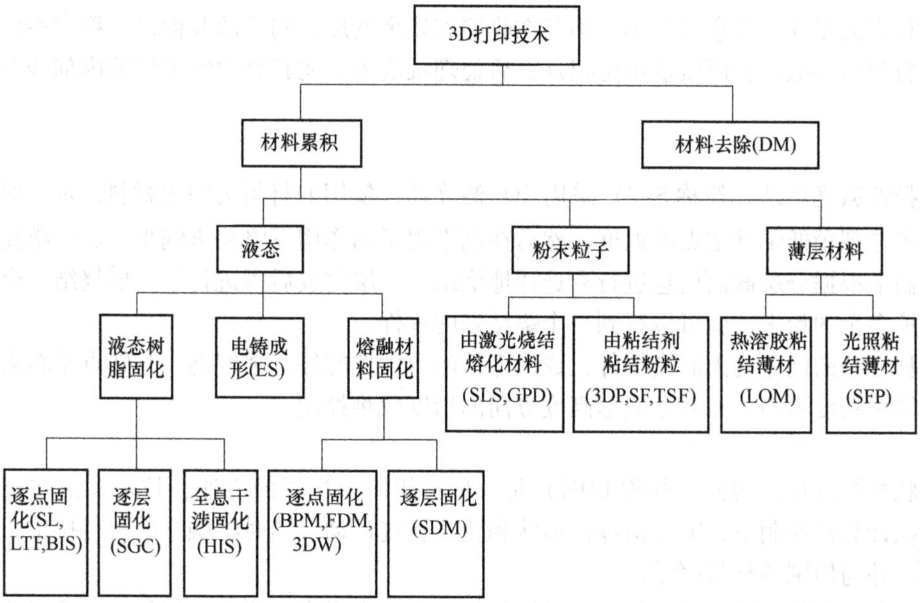

图3-3　3D打印技术的分类

1. 立体光固化

立体光固化（简称SLA）又称液态光敏聚合物选择性固化。该技术是目前世界上研究最深入、技术最成熟、应用最广泛的3D打印实用化技术。它以光固化树脂为原材料，计算机控制紫外线按零件的各分层截面信息在光固化树脂表面进行逐点扫描，使被扫描区域的树脂薄层产生光聚合反应而固化，形成模型的薄层。一层固化完毕后，工作台下移一个距离，以使在原先固化好的表面上再敷上一层新的液态树脂，然后进行下一层的扫描加工。新固化的一层牢固地粘结在前一层上，如此反复，直到整个原型制造完毕。

SLA技术的常用原料是热固性光固化树脂，主要用于制造各种模具和模型等。还可以通过在光固化树脂中加入其他的材料成形，用制造出的原型代替熔模精密铸造中的蜡模等。这种方法的优点是精度高，一般可达±0.1mm，甚至更高；表面质量好，原材料利用率将近100%，能制造形状特别复杂、精细的零件。其缺点是成形材料较脆，加工零件时需制作支撑件。另外，成形过程中材料发生相变，因此不可避免地使聚合物收缩，产生内应力，从而引起制件的翘曲和其他变形。

2. 分层实体制造

分层实体制造（简称LOM）又称薄型材料选择性切割。它采用薄片材料，如纸、塑料薄膜等，在片材表面上事先涂覆上一层热熔胶。加工时，首先在基板上铺一层薄形材料（如纸），然后用一定功率的CO_2激光器在计算机的控制下按分层信息切出轮廓，同时将非零件部分按一定的网格形状切成碎片，以便去除，加工完一层后，再铺上一层薄形材料，用热辊碾压，使新铺上的一层在粘结剂的作用下粘结在已成形体上，再切割该层的形状。如此反复，直至加工完毕。最后去除切碎的多余部分，便可得到完整的零件。

这种方法的优点是无需制作支撑件，激光只做轮廓扫描，成形效率高，运行成本低；在成形过程中无相变，残余应力小，不存在收缩和残余变形，制件的几何尺寸稳定性好。其缺点是材料利用率低，表面质量不是很好，后处理难度大，尤其是中空零件的内部残余废料不易去除。

3. 选择性激光烧结

选择性激光烧结（简称SLS）采用CO_2激光器，使用的材料为粉末材料。加工时，首先将粉末预热到稍低于其熔点的温度，然后在刮平辊子的作用下将粉末铺平。CO_2激光束在计算机控制下根据分层截面信息进行有选择地烧结，一层完成后再进行下一层烧结。全部烧结完后去掉多余的粉末，就可以得到一个烧结好的零件。

这种方法的优点是无需支撑件，成形零件的力学性能好，强度高。其缺点是粉末比较松散，烧结后精度不高，尤其是成形高度方向的精度较难控制。

4. 丝状材料选择性熔覆

丝状材料选择性熔覆（简称FDM）是一种不使用激光器的方法，技术关键在于喷头的设计。在计算机控制下，喷头沿零件形状和轮廓轨迹运动，同时将融化的材料挤出，材料迅速凝固，并与周围的材料凝结。

这种方法的优点是成形零件的力学性能好，有一定强度；成形材料便宜，无气味。其缺点是精度不高，对于精细结构不易制作。

5. 三维打印技术

三维打印技术（简称3DP）又称为三维印刷，它通过喷头用粘结剂将零件的截面打印在材料粉末上面，或者将成形树脂一层一层喷出，分别固化粘结成形。其成形过程是将各个二维截面重叠粘结成为一个三维实体。

这种方法速度快，可用于制造复合材料或非均匀材料的零件；可制造小批量零件，也可制造复杂形状零件；无污染，应用前景十分广阔。

3.2.3　其他3D打印技术

1. 掩膜光刻成形技术

掩膜光刻成形技术（也称立体光刻，简称SGC）用激光束或X射线通过光掩膜照射树脂成形。光掩膜上的图形是掩膜机在模型片层参数的控制下，利用电传照相技术在平板玻璃上调色或静电喷涂制成的原型零件截面图形。激光或X射线可透过光掩膜。SGC法采用2kW高能紫外激光器，成形速度快，可省去支撑结构，精度可达±0.1%。

2. 弹道微粒制造技术

弹道微粒制造技术（简称BPM）成形原理如图3-4所示。它用一个压电喷射系统来沉积熔化热塑性塑料的微小颗粒。BPM的喷头安装在一个5轴的运动机构上，对于零件中悬臂部分，可以不加支撑结构，而不连通的部分要加支撑结构。

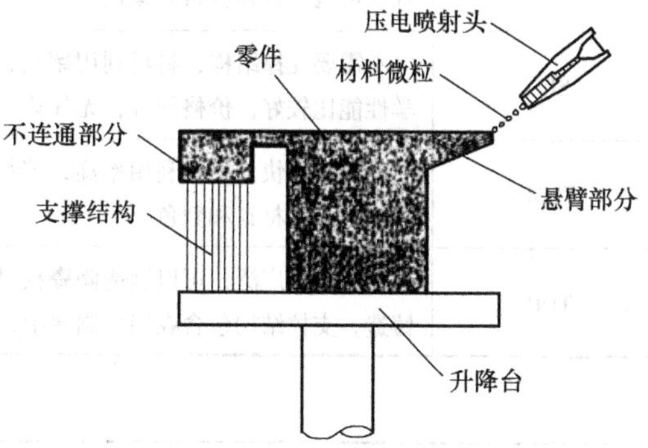

图3-4　弹道微粒制造技术成形原理

3. 三维焊接成形技术

三维焊接成形技术（简称TDW，又称熔化成形）采用现有各种成熟的焊接技术和焊接设备，用逐层堆焊的方法制造出全部由金属组成的零件。

4. 数码累积成形技术

数码累积成形技术（简称DBL，又称喷粒堆积）利用计算机分割三维造型体而得到一系列一定尺寸的空间有序点阵，借助三维制造系统按照指定路径在相应的位置喷出可迅速凝固的流体或固体单元，逐点、线、面完成粘接并进行后处理完成原型制造。

除此之外，还有热致聚合、全息干涉制造、光束干涉固化等技术都有一定的应用。

3.3　3D打印系统的比较和选用

目前，比较成熟的3D打印系统已经有十余种，不同的工艺有不同特色，如何根据原型的使用要求，根据原型的结构特点、精度要求和成本核算等，正确选择3D打印的工艺方法，对有效利用3D打印技术是非常重要的。

3.3.1　常用3D打印系统的比较

常用3D打印系统的工艺性能比较见表3-2，3D打印工艺的优点与缺点比较见表3-3，各主要生产厂家生产的3D打印机的性能参数见表3-4。

表 3-2 常用 3D 打印系统工艺性能比较

指标 工艺	精度	表面质量	材料价格	材料利用率	运行成本	生产率	设备费用	占有率（%）
SLA	优	优	较贵	约 100%	较高	高	较贵	78
LOM	一般	较差	较便宜	较差	较低	高	较便宜	7.3
SLS	一般	一般	较贵	约 100%	较高	一般	较贵	6.0
FDM	较差	较差	较贵	约 100%	一般	较低	较便宜	6.1

表 3-3 3D 打印工艺的优点与缺点

3D 打印工艺	优　点	缺　点
SLA	技术成熟、应用广泛、成形速度快、精度高、能耗低	工艺复杂，需要支撑结构，材料种类有限，激光器寿命低，原材料价格贵
LOM	对实心部分大的物体成形速度快，支撑结构包含在层面制造中，内应力和扭曲小，同一工件中可包含多种材料和颜色	能耗高，对内部孔腔中的支撑物需要清理，材料利用率低，废料剥离困难，易发生翘曲
SLS	不需要支撑结构，材料利用率高，材料的力学性能比较好，价格便宜，无气味	能耗高，表面粗糙，成形原型疏松多孔，对某些材料需要单独处理
FDM	成形速度快，材料利用率高，能耗低，工件可包含多种材料和颜色	表面粗糙，选用材料仅限于低熔点材料
TDP	材料选用广泛，可以制造陶瓷模具用于金属铸造，支撑结构包含在层面制造中，能耗低	表面粗糙，精度低，需处理（去湿或预加热到一定温度）

表 3-4 主要 3D 打印机的性能参数

制造公司	型　号	成形方法	采用原材料	最大制件尺寸/mm
3D Systems（美国）	SLA-190	液态光敏聚合物选择性固化	液态光敏聚合物	190×190×250
	SLA-250			250×250×250
	SLA-250HR			250×250×250
	SLA-350			350×350×400
	SLA-350 Millennium			350×350×400
	SLA-500			508×508×584
	SLA-5000 Millennium			508×508×584
	SLA-7000			508×508×584
	Actua 2100 Thermojet Solid Object printer	热塑性材料选择性喷洒	热塑性材料	250×190×200 250×190×200
SONY/D-MEC（日本）	SCS-300	液态光敏聚合物选择性固化	液态光敏聚合物	300×300×270
	SCS1000HD			300×300×270
	JSC-2000			500×500×500
	JSC-3000			1000×800×500

（续）

制造公司	型号	成形方法	采用原材料	最大制件尺寸/mm
Tejin Seiki（日本）	Soliform-250A	液态光敏聚合物选择性固化	液态光敏聚合物	250×250×250
	Soliform-250B			250×250×250
	Soliform-300A			300×300×300
	Soliform-500B			300×300×300
Denken Engineering（日本）	SLP-400R	液态光敏聚合物选择性固化	液态光敏聚合物	200×150×150
	SLP-5000			220×200×225
Meiko（日本）	LC-5100	液态光敏聚合物选择性固化	液态光敏聚合物	100×100×100
	LC-315			160×120×100
Unirapid（日本）	URⅡ-HP 1501	液态光敏聚合物选择性固化	液态光敏聚合	150×150×150
Kira（日本）	PLT-A4	纸基片材选择性（热割炬）切割	复印纸	280×190×200
	PLT-A3			400×280×300
Sparx Ab（瑞典）	Hot plot	纸基片材选择性（热割炬）切割	纸基片材	
陕西恒通智能机器有限公司	LPS-600	液态光敏聚合物选择性固化	液态光敏聚合物	600×600×500
	LPS-350			350×350×350
	LPS-250			250×250×300
	CPS-250 CPS-350 CPS-500			250×250×300 350×350×350 500×500×600
武汉华科三维科技有限公司	HPP-Ⅲ HHP-ⅡA HHP-Ⅳ	薄形材料选择性切割	纸基片材	600×400×500 450×350×350 1000×600×500
Stratasys（美国）	FDM-1650	丝状材料选择性熔覆	塑料丝/蜡	254×254×254
	FDM-2000			254×254×254
	FDM-8000			457×457×609
	FDM-Quantum			600×500×6000
	Genisys Xs			305×203×203
Helisys（美国）	LOM-1015 Plus	薄形材料选择性切割	卷材	380×250×350
	LOM-2030H			815×550×508
DTM（美国）	Sinterstation 2000	粉末材料选择性烧结	塑料粉、金属基/陶瓷基粉	ϕ300×380
	Sinterstation 2500			380×330×457

（续）

制造公司	型　　号	成形方法	采用原材料	最大制件尺寸/mm
Sanders Prototype（美国）	Model Maker Ⅱ	热塑性材料选择性喷洒	热塑性材料	300×150×230
Aaroflex（美国）	Solid Imager Tabletop Sllid Imeger1 Sllid Imeger2 Sllid Imeger3	液态光敏聚合物选择性固化	液态光敏聚合物	ϕ152×127 300×300×300 550×550×550 ϕ890×550
Z Corporation（美国）	Z-402	粉末材料选择性粘结	塑料粉、金属基/陶瓷基粉	203×250×203
BPM Technology（美国）	LENS-750 LENS-1500	粉末材料选择性粘结	金属粉	300×300×300 457×457×610
ProMetal（Extrude Hone）（美国）	RTS-300	粉末材料选择性粘结	金属粉	300×300×250
MedModeler LLC（美国）	MedModeler	粉末材料选择性粘结	塑料丝	250×250×250
Cubital（以色列）	Solider 4600	液态光敏聚合物基填蜡选择性固化（SGC）	液态光敏聚合物	350×350×350
	Solider 5600			500×350×350
EOS（德国）	STEREOS DESKTOP	液态光敏聚合物选择性固化	液态光敏聚合物	250×250×250
	STEREOS MAX-400			400×400×400
	STEREOS MAX-600			600×600×600
	EOSINT M-250	粉末材料选择性烧结	金属基/陶瓷基粉、塑料粉、金属粉等	250×250×150
	EOSINT P-350			340×345×590
	EOSINT S-700			720×380×400
F&S（德国）	LMS	液态光敏聚合物选择性固化	液态光敏聚合物	450×450×350
KINERGY（新加坡）	ZIPPY Ⅰ	薄形材料选择性切割	卷材	380×280×340
	ZIPPY Ⅱ			1180×730×550
	ZIPPY Ⅲ			750×500×450
北京太尔时代科技有限公司	SSM-500	薄形材料选择性切割	卷材	500×400×400
	MEM-250	丝状材料选择性熔覆	塑料/蜡丝	250×250×250

（续）

制造公司	型号	成形方法	采用原材料	最大制件尺寸/mm
北京太尔时代科技有限公司	M-RPMS250	薄形材料选择性切割和丝状材料选择性熔覆	卷材、塑料/蜡丝	250×250×250
北京隆源自动成形系统有限公司	AFS-300 AFS-320 AFS-320MZ AFS-320YS	粉末材料选择性烧结	塑料粉、金属基/陶瓷基粉	ϕ300×400 ϕ350×400
NTT DATA CMET（日本）	SOUP-250GH	液态光敏聚合物选择性固化	液态光敏聚合物	250×250×250
	SOUP-400			400×400×400
	SOUP Ⅱ-600GS			600×600×500
	SOUP-850PS			600×850×500
	SOUP-1000GS/GA			1000×800×500

针对典型3D打印系统的不同，用户在选用时要根据自身的实际情况和本地区的实际情况正确地进行选择。

3.3.2 常用3D打印系统的选用原则

综合各方面的因素，3D打印系统的选用原则可归纳为以下几个方面，如图3-5所示。

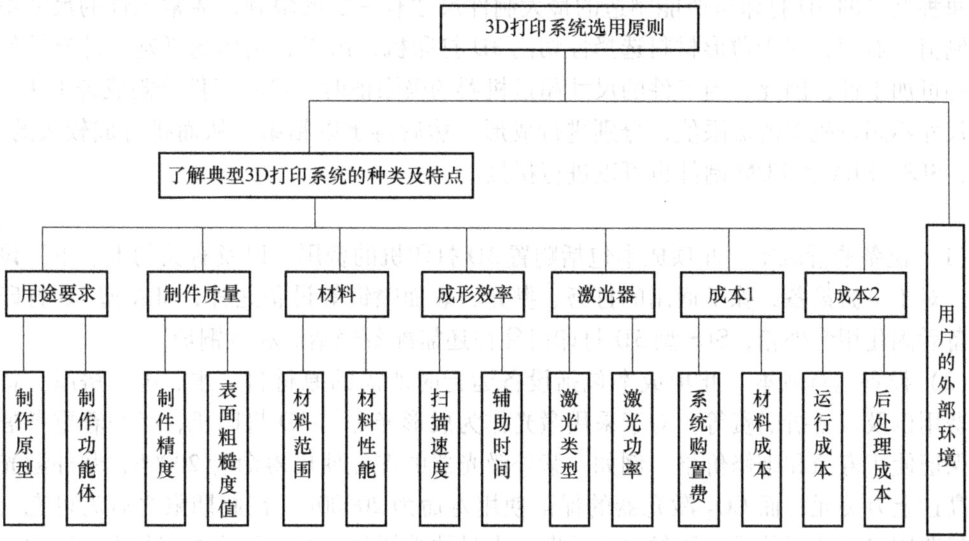

图3-5 3D打印系统的选用原则

1. 成形件的用途

成形件可能有多种不同的用途要求，但是，每种类型的3D打印机只能满足有限的要求。

（1）检查和核实形状、尺寸用样品 此项要求绝大多数精度较好的3D打印机均满足。

（2）性能考核用样品　对于这种用途要求，样品的材质和力学性能要接近真实产品，因此，必须考虑所选3D打印机能否直接或间接制作出符合材质和力学性能要求的工件。例如，对于要求具有类似ABS塑料性能的工件，用SLA和FDMD打印机可以直接制作，用LOM 3D打印机不能直接制作，但能间接通过反应式注射法制作。对于要求有类似金属性能的工件，用SLS 3D打印机可以直接制作，但一般须配备后续烧结、渗铜工序；用SLA、FDM和LOM等3D打印机不能直接制作，只能间接通过熔模铸造等方法制作。

（3）模具　快速制模是3D打印技术的主要应用之一，主要有两类方法：直接快速制模法和间接快速制模法。

（4）小批量和特殊复杂零件的直接生产　对于小批量和复杂的塑料、陶瓷、金属及其复合材料的零部件，可用SLS方法直接3D打印成形。目前人们正在研究功能梯度材料的SLS 3D打印成形，零件的直接3D打印对航空航天及国防工业有着非常重要的价值。

（5）新材料的研究　这些新材料主要是指复合材料、功能梯度材料、纳米材料、智能材料等新型材料，这些新型材料一般由两种或两种以上的材料组成，其性能优于单一材料的性能。

对于用途（1）~（3）中除个别用途外，采用LOM、SLA、SLS和FDM法均可，用途（4）~（5）采用SLS方法最为合适。

2. 成形件的形状

对于形状复杂、薄壁的小工件，比较适合用SLS、SLA和FDM等3D打印机制作；对于厚实的中、大型工件，比较适合用LOM 3D打印机制作。

3. 成形件的尺寸

每种型号的3D打印机所能制造的最大制件尺寸有一定的限制，通常工件的尺寸不能超过限制值。然而，对于薄形材料选择性切割3D打印机，由于它制作的纸基工件有较好的粘结性和可加工性，因此，当工件的尺寸超过机器的极限值时，可将工件分割成若干块，使每块的尺寸不超过机器的极限值，分别进行成形，然后再予以粘结，从而拼合成较大的工件。同样，SLS、SLA和FDM制件也可以进行拼接。

4. 成本

（1）设备购置成本　此项成本包括购置3D打印机的费用，以及有关的上、下游设备的费用。对于下游设备，除了通用的打磨、抛光、表面喷镀等设备之外，SLA型3D打印机最好配备后固化用紫外箱，SLS型3D打印机往往还需配备烧结炉和渗铜炉。

（2）设备运行成本　此项成本包括设备运行时所需的原材料、水、电、房屋、备件和维护费用以及设备折旧费等。对于采用激光作为成形光源的3D打印机，必须着重考虑激光器的保证使用寿命和维修价格。例如，紫外激光器的保证使用寿命为2000h，紫外激光管的价格高达上万美元；而CO_2激光器的保证使用寿命为20000h，在此期限之后尚可充气，每次充气费用仅为几百美元。原材料是长期、大量的消耗品，对运行成本有很大的影响。一般而言，用聚合物为原材料时，由于这些材料不是工业大批量生产的材料，因此价格比较昂贵，而纸基材料比较便宜。但用聚合物（液态、粉末状或丝状）成形时，材料利用率高；用纸成形时，材料利用率较低。

（3）人工成本　此项成本包括操作3D打印机的人员费用，以及前、后处理所需人员的费用。

5. 技术服务

（1）保修期　从用户的角度来看，希望保修期越长越好。

（2）软件的升级换代　供应商应能够免费提供软件的更新换代。

（3）技术研发力量　由于3D打印技术是一项正在发展的新技术，用户在使用过程中难免会出现一些新的问题，若供应商的技术研发力量强，则会很快解决这些问题，从而把用户的损失降低到最低程度。

6. 用户环境

这是一项非常重要却极容易被忽视的原则，因为对大多数企业来说，想迅速应用3D打印技术尚存在一定障碍，因为3D打印设备技术含量高，购买、运行、维护费用较高，一些效益较好的大中型企业尽管具有经济技术实力，但对适合于不同产品对象的众多3D打印成形机和单个企业相对狭窄的应用范围及较小的工作量，许多人往往感到无所适从。社会上众多的中小企业一则受经济条件制约，二则自身3D打印制件工作量小，三则自身3D打印技术力量薄弱，想采用3D打印设备时心有余而力不足，在这种情况下，有条件、有能力购买3D打印设备的企业，既要考虑自身的需要，又要考虑本地区用户的需求，充分发挥设备的潜能。

总之，用户在使用或购买3D打印机时，要综合各种因素，初步确定所选择的机型，然后对设备的运行状况和制件质量进行实地考察，综合考虑制造商的技术服务和研发力量等各种因素，最后决定购买。

3.4　3D打印的优势与不足

3.4.1　3D打印的优势

3D打印机不像传统制造机器那样通过切割或模具塑造制造物品。它通过层层堆积形成实体物品的方法从物理的角度扩大了数字概念的范围。对于要求具有精确的内部凹陷或互锁部分的形状设计，3D打印机是首选的加工设备，它可以将这样的设计在实体世界中实现。3D打印的优势，传统制造业无法企及。

1. 制造复杂物品不增加成本

就传统制造而言，物体形状越复杂，制造成本越高。对3D打印机而言，制造一个形状复杂的物品并不比打印一个简单的方块消耗更多的时间、技能或成本。制造复杂物品而不增加成本将打破传统的定价模式，并改变我们计算制造成本的方式。

2. 产品多样化不增加成本

一台3D打印机可以打印许多形状，它可以像工匠一样每次都做出不同形状的物品。传统的制造设备做出的形状种类有限。3D打印省去了培训机械师或购置新设备的成本，一台3D打印机只需要不同的数字设计蓝图和一批新的原材料。

3. 无须组装

3D打印能使部件一体化成形。传统的大规模生产建立在组装线基础上，在现代工厂，机器生产出相同的零部件，然后由机器人或工人（甚至跨国）组装。产品组成部件越多，组装耗费的时间和成本就越多。3D打印机通过分层制造可以同时打印一扇门及上面的配套铰链，不需要组装。省略组装就缩短了供应链，节省了劳动力和运输方面的花费。供应链越短，污染也越少。

4. 零时间交付

3D 打印机可以按需打印。即时生产减少了企业的实物库存，企业可以根据客户订单使用 3D 打印机制造出特别的或定制的产品满足客户需求，所以新的商业模式成为可能。如果人们所需的物品按需就近生产，零时间交付式生产能最大限度地减少长途运输的成本。

5. 设计空间无限

传统制造技术和工匠制造的产品形状有限，制造形状的能力受制于所使用的工具。例如，传统的木制车床只能制造圆形物品，轧机只能加工用铣刀组装的部件，制模机仅能制造模具形状。3D 打印机可以突破这些局限，开辟更大的设计空间。

6. 非技能制造

传统工匠需要当几年学徒才能掌握所需要的技能。批量生产和计算机控制的制造机器降低了对技能的要求，然而传统的制造机器仍然需要熟练的专业人员进行机器调整和校准。3D 打印机从设计文件里获得各种指示，做同样复杂的物品，3D 打印机所需要的操作技能比注射机少。非技能制造开辟了新的商业模式，并能在远程环境或极端情况下为人们提供新的生产方式。

7. 不占空间、便携制造

就单位生产空间而言，与传统制造机器相比，3D 打印机的制造能力更强。例如，注射机只能制造比自身小很多的物品，与此相反，3D 打印机可以制造和其打印台一样大的物品。3D 打印机调试好后，可以自由移动。较高的单位空间生产能力使得 3D 打印机适合家用或办公使用。

8. 减少废弃副产品

与传统的金属制造技术相比，3D 打印设备制造金属时产生较少的副产品。随着打印材料的发展，“净成形”制造可能成为更环保的加工方式。

9. 材料无限组合

随着多材料 3D 打印技术的发展，我们有能力将不同原材料融合在一起。以前无法混合的原料混合后将形成新的材料，这些材料色调种类繁多，具有独特的属性或功能。

10. 精确的实体复制

未来，3D 打印将数字精度扩展到实体世界。扫描技术和 3D 打印技术将共同提高实体世界和数字世界之间形态转换的分辨率，我们可以扫描、编辑和复制实体对象，创建精确的副本或优化原件。

3.4.2 3D 打印的挑战

和所有新技术一样，3D 打印技术也有着自己的缺点，它们会成为其发展路上的绊脚石，从而影响它成长的速度。

1. 材料的限制

仔细观察周围的一些物品和设备，你就会发现 3D 打印的第一个绊脚石，那就是所需材料的限制。虽然高端工业印刷可以实现塑料、某些金属或者陶瓷打印，但目前 3D 打印机还没有达到成熟的水平，无法支持我们在日常生活中所接触到的各种各样的材料。研究者们在多材料打印上已经取得了一定的进展，除非这些进展达到成熟并有效，否则材料依然会是3D打印的一大障碍。

2. 机器的限制

目前的3D打印技术在重建物体的几何形状和机能上已经取得了一定的水平，几乎任何静态的形状都可以被打印出来，但是那些运动的物体和它们的清晰度就难以实现了。这个困难对于制造商来说也许是可以解决的，但是3D打印技术要进入普通家庭，每个人都能随意打印想要的东西，那么机器的限制就必须得到解决才行。

3. 知识产权的忧虑

在过去的几十年里，音乐、电影和电视产业中对知识产权的关注变得越来越多。3D打印技术也会涉及这一问题，因为现实中的很多产品都会得到更加广泛的传播。人们可以随意复制任何东西，并且数量不限。如何制定3D打印的法律法规用来保护知识产权，也是我们面临的问题之一，否则就会出现泛滥的现象。

4. 道德的挑战

道德是底线。什么样的东西会违反道德规律，我们是很难界定的，如果有人打印出生物器官或者活体组织，是否有违道德？我们又该如何处理？如果无法尽快找到解决方法，相信我们在不久的将来会遇到极大的道德挑战。

每一种新技术诞生初期都会面临着这些类似的挑战，但相信找到合理的解决方案3D打印技术的发展将会更加迅速，不断地更新才能达到最终的完善。

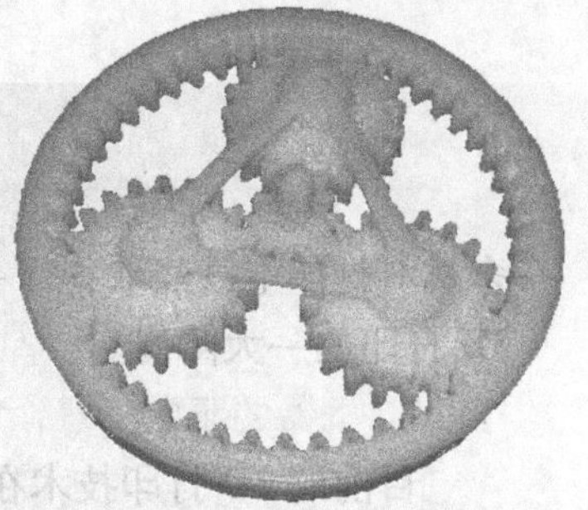

第4章

认识3D打印建模技术

4.1　3D 打印数据的处理

4.1.1　3D 打印数据来源

3D 打印技术是通过逐层增加材料来制造零件的，3D 打印数据流程如图 4-1 所示。3D 打印的数据来源十分广泛，既可以直接从三维数据获得加工路径，也可以经三维数据网格化得到 STL 模型以获得加工路径。3D 打印数据来源大体分为以下几类：

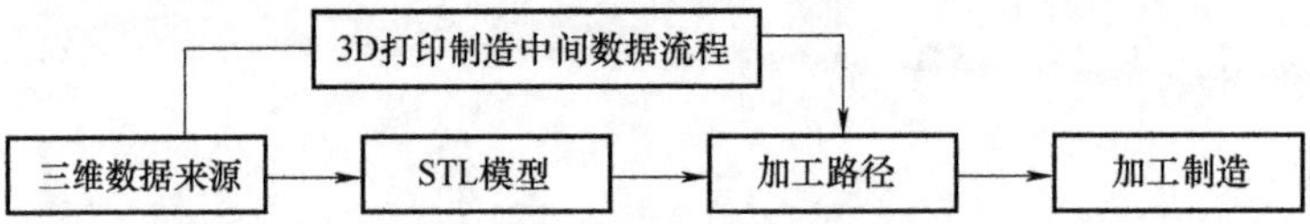

图 4-1　3D 打印数据流程

1. 三维 CAD 模型

由三维 CAD 造型软件生成产品的三维 CAD 曲面模型或实体模型，然后对实体模型或表面模型直接分层得到精确的截面轮廓。目前，最常用的具体方法是将 CAD 模型先转换为三角形网格模型（STL 模型），然后分层得到加工路径。目前，STL 文件已经成为 3D 打印领域一种标准的数据格式（它是由美国 3D Systems 公司 1988 年开发的，各商用 CAD 软件均带有 STL 文件的输出功能模块）。

2. 逆向工程数据

这种数据来源于通过逆向工程对已有零件的复制，利用三坐标测量仪或光学测量仪采集零件表面的点数据，形成零件表面数据的数据点云。对数据点云可以进行三角化生成 STL 文件，然后进行分层。另一种方法是对数据直接分层。

3. 数学几何数据

这种数据来源于一些实验数据或数学几何数据，然后，用 3D 打印的方法把用数学公式表达的曲面制作成看得见、摸得着的实体。

4. 医学/人体素数据

通过人体断层扫描获得的医学数据是真三维的，可以直接观察到具有物理景深的三维图像。即通过人体断层扫描（简称 CT）和核磁共振（简称 NMR）获得的物体内部数据和表面数据，这种数据一般要经过三维重组才能进行加工。

5. 分层数据

3D 打印的数据来源也可以是直接获得的分层或截面轮廓数据，例如地形学上的等高线等。

4.1.2　三维模型的 STL 文件格式化

1. STL 文件的格式

STL 文件标准是美国 3D Systems 公司于 1988 年制定的一个接口协议。STL 模型所描述的是一种空间封闭的、有界的、规则的唯一表达物体的模型。这种文件格式类似于有限元的网络划分，它将物体表面划分成很多小三角形，即用很多个三角面片去逼近 CAD 实体模型。STL 文件有二进制格式和文本格式两种，文本格式简单明了，而二进制格式则紧凑得多，如果表示同一个零件，它的文件大小只有文本格式的 1/6。

2. STL 文件的精度

STL 文件的数据格式是采用小三角形来近似逼近三维实体模型的外表面，小三角形数量的多少直接影响着近似逼近的精度。显然，精度要求越高，选取的三角形应该越多。但是过高的精度要求是不必要的，因为过高的精度要求可能会超出 3D 打印系统所能达到的精度指标，而且三角形数量的增多需要加大计算机存储容量，同时带来处理时间的显著增加，有时截面的轮廓会产生许多小线段，不利于激光头的扫描运动，导致低的生产率和表面不光洁。所以从 CAD/CAM 软件输出 STL 文件时，选取的精度指标和控制参数应该根据 CAD 模型的复杂程度以及快速原型精度要求的高低进行综合考虑。

不同的 CAD/CAM 系统，输出 STL 格式文件的精度控制参数是不一样的，但最终反映 STL 文件逼近 CAD 模型的精度指标不是表面上小三角形的数量，实质上是三角形平面逼近曲面时的弦差。弦差指的是近似三角形的轮廓边与曲面之间的径向距离。从本质上看，用有限的小三角面的组合来逼近 CAD 模型表面是原始模型的一阶近似，它不包含邻接关系信息，不可能完全表达原始设计意图，离真正的表面有一定的距离，在边界上有凸凹现象，所以无法避免误差。

3. STL 文件的纠错处理

（1）STL 文件的基本规则

1）取向规则。STL 文件中的每个小三角形面都是由三条边组成的，而且具有方向性。三条边按逆时针顺序由右手定则确定面的法向量指向所描述的实体表面的外侧。相邻的三角形取向不应出现矛盾，如图 4-2 所示。

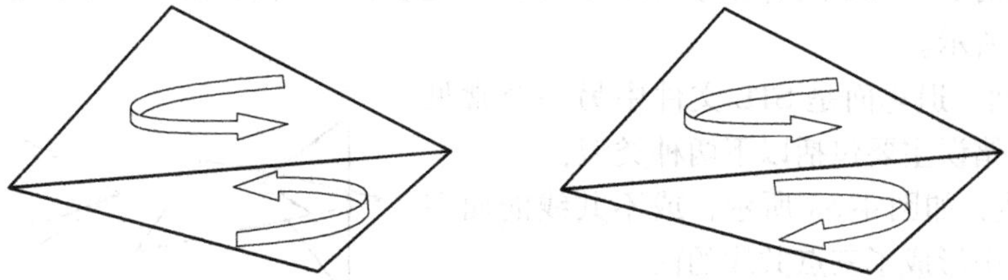

a) 正确　　b) 错误

图 4-2　切面的方向性示意图

2）点规则。每个三角形必须也只能跟与它相邻的三角形共享两个点，也就是说，不可能有一个点会落在其旁边三角形的边上。如图4-3所示，图中的点为存在问题的点。

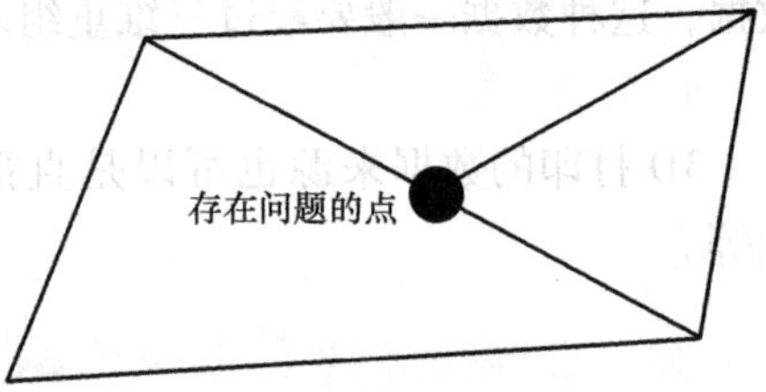

图4-3 错误点示意图

因为每一个合理的实体面至少应有1.5条边，因此下面的三个约束条件在正确的STL文件中应该得到满足：面必须是偶数；边数必须是3的倍数；2×边数=3×面数。

3）取值规则。STL文件中所有的顶点坐标必须是正的，零和负数是错的。然而，目前CAD/CAM软件都允许在任意的空间位置生成STL文件，唯有AutoCAD软件还要求必须遵守这个规则。

STL文件不包含任何刻度信息，坐标的单位是随意的。很多3D打印前处理软件是以实体反映出来的绝对尺寸值来确定尺寸的单位。STL文件中的小三角形通常是以Z方向正向排列的，以便于切片软件的快速解算。

4）合法实体规则。STL文件不得违反合法实体规则，即在三维模型的所有表面上，必须布满小三角形平面，不得有任何遗漏（即不能有裂缝或孔洞），不能有厚度为0的区域，外表面不能从其本身穿过等。

（2）常见的STL文件错误　STL也经常出现数据错误和格式错误，其中常见的错误如下：

1）遗漏。尽管在STL文件标准中没有指明所有STL数据文件所包含的面必须构成一个或多个合理的法定实体，但是正确的STL文件所含有的点、边、面和构成的实体数量必须满足如下的欧拉公式：

$$F-E+V=2-2H$$

式中　F——面数；

E——边数；

V——点数；

H——实体中穿透的孔洞数。

如果一个STL文件中的数据不符合该公式，则该STL文件就有漏洞。在切片软件进行运算时，一般是无法检测该类错误的，这样在切片时就会产生某一边不封闭的后果，直接造成在3D打印中激光束或刀具行走时漏过该边。

出现遗漏的原因一般有如下两个方面：一是两个小三角形面在空间交差，这种情况主要是由于低质量的实体布尔运算生成STL文件；二是在两个连接表面三角形化时不匹配造成的，如图4-4所示。

2）退化面。退化面是STL文件中另一个常见的错误。这种错误主要包括以下两种类型：

① 点共线，如图4-5a所示，或不共线的面在数据转换过程中形成了三点共线的面。

② 点重合，如图4-5b所示，或在数据转换运算时造成这种结果。

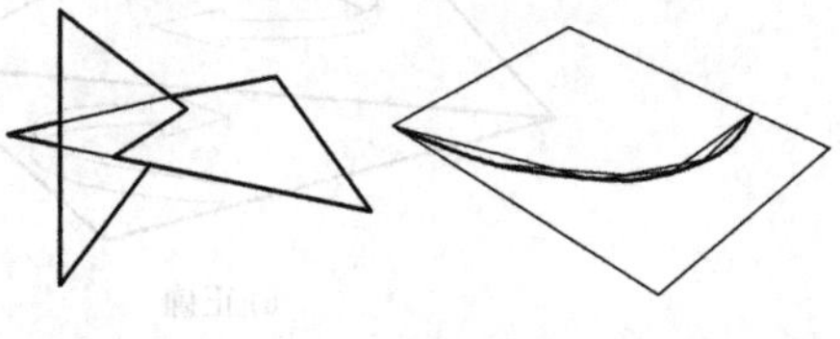
图4-4 遗漏错误产生原因示意图

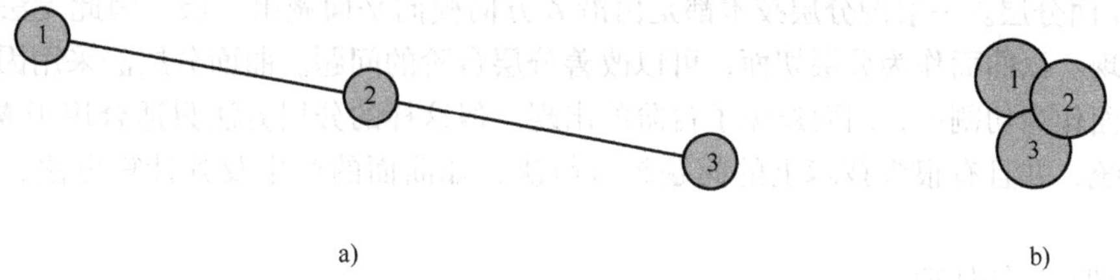

图4-5　退化面形成示意图

尽管退化面并不是很严重的问题，但这并不是说，它就可以忽略。一方面，该面的数据要占空间；另一方面，这些数据有可能使3D打印前处理的分析算法失败，并且使后续的工作量加大。

3）模型错误。这种错误不是在STL文件转换过程中形成的，而是由于CAD/CAM系统中原始模型的错误引起的，这种错误将在3D打印制造过程中表现出来。

4）错误的法向量。进行STL格式转换时，会因未按正确的顺序排列构成三角形的顶点而导致计算所得法向量的方向相反。为了判断是否错误，可将疑似有错的三角形法向量方向与相邻的一些三角形法向量加以比较。

4. STL文件的输出

当CAD模型在一个CAD/CAM系统中完成之后，在进行快速原型制作之前，需要进行STL文件的输出。目前，CAD/CAM系统都有STL文件的输出数据接口，而且操作和控制也十分方便。在STL文件输出过程中，根据模型的复杂程度和所要求的精度指标，可以选择STL文件的输出精度。

5. 分割与处理文件

（1）STL文件的分割处理　3D打印是基于离散—堆积成形原理的成形方法，无论是离散或者是堆积都与层片处理有关。离散时，先将CAD实体模型分切成许多的层片，即分层或切片处理；堆积时，将分切成的层片重组成实体模型。因此，3D打印又称为层片制造技术。

分层技术是3D打印技术的核心技术，要了解3D打印技术，必须掌握分层技术。

分层处理的目的主要是将复杂的三维形状分切成较简单的二维轮廓线，然后根据分切出来的二维轮廓线制成原型，而一般的分层厚度在0.05～0.3mm之间。

分层的厚度对成形件的表面层有相当大的影响，尤其当分切大弧度的曲面时，影响会非常显著。虽然0.1mm的分层厚度已经较小，但随着弧度渐渐加大，分层台阶的问题会越来越明显，因此所产生的缺陷在成形后会完全显现出来。事实上这是成形时所产生的根本问题，是无可避免的。受此基本问题的影响，3D打印在Z方向的误差比X、Y方向误差大。目前，主要采用自适应分层或曲面分层的方法来减少分层台阶误差的影响。

1）自适应分层。分层差误是无法避免的，降低分层厚度可以减少台阶效应的影响，但是分层厚度直接影响加工效率，而且各种3D打印方法的厚度又有一定的限制，因此依靠降低层厚来提高工件精度是有一定限制的。

可用自适应分层技术解决上述矛盾。自适应分层是以不同的层厚对零件模型进行分层，层片的厚度随着零件的形状而变化，一般当零件表面曲率大时，层片采用较薄的厚度，以提高表面精度；而当零件表面曲率较小时，则采用较大的层厚进行分层，以减少层片的数量，提高加工效率。自适应分层技术可以减少台阶效应，获得理想的成形表面质量。

2）曲面分层。一般的分层技术都是由沿 Z 方向横向平面做出分层，因此无法避免分层台阶的出现。以曲面作为分层切面，可以改善分层台阶的问题。曲面分层法采用因应模型所产生的曲面作为切割面，因而避免了台阶的出现。但这样的分层方法只适合用于 MEM/FDM 的成形系统，并且有很多技术上的问题较难解决，如曲面的产生及其计算方法、硬件的配合等。

（2）STL 文件处理

Magics RP 是一款对 STL 文件进行编辑修改、缝补的软件，具有如下功能：

1）三维模型的可视化。在 Magics RP 中可直观观察 STL 零件中的任何细节；并能对模型进行测量、标注等。

2）检错。对 STL 文件错误自动检查和修复。

3）3D 打印工作的准备功能。Magics RP 除能直接打开 STL、DXF、VDA、IGES、STEP 格式文件之外，还能够接收 Pro/ENGINEER、UG、CATIA 系统文件以及 ASCII 点云文件和 SLC 层文件，并将非 STL 文件转换为 STL 文件。

4）成形方向的选择。能够将多个零件快速放到加工平台上，并从库中调取各种不同 RP 成形机的参数，进行参数设置和修改。底部平面功能能够将零件转为所希望的成形角度。

5）分层功能。可将 STL 文件切片，同时输出不同的文件格式（如 SLC、CLI、F&S 和 SSL 格式），并执行切片校验。

6）STL 操作。可直接对 STL 文件进行编辑和修改，具体操作包括移动、旋转、镜像、阵列、拉伸、偏移、分割、抽壳等功能。

7）支撑设计模块。能自动设计多种形式的支撑结构，例如可设置点状支撑，点状支撑容易去除，并易于保证支撑面的光洁。

4.1.3 3D 打印技术的其他数据接口

除了 STL 数据接口，3D 打印技术的其他数据接口如下：

1. CLI 数据接口

CLI 文件格式是 3D 打印设备普遍接受的一种数据接口，它是一种三维模型分层后的数据存储格式，其使数据格式独立于制造系统和应用程序，一般不独立使用，只作为 STL 文件切片后的数据存储格式。

2. IGES 文件格式

初始图形交换规范（简称 IGES）的作用是在不同的 CAD/CAM 系统间交换数据。IGES 格式能精确表示 CAD 模型，采用结构实体几何法（简称 CSG）和边界表示法（简称 B-REP）两种方法描述实体。在 3D 打印系统中使用 IGES 格式作为接口有很多优点，它可被大多数的 CAD 系统接受。其缺点是数据量太大，数据易丢失、数据转换存在错误等。

3. STEP 标准接口

产品模型数据交互规范（简称 STEP）是一种产品数据交换国际标准，正逐渐被各种 CAD 系统接受。STEP 作为 CAD 和 3D 打印系统的接口，具有如下优点：

（1）通用性　作为产品数据交换的国际标准，获得所有 CAD 系统支持。

（2）完整性　对数据交换的描述完整，能充分满足 CAD 系统与 3D 打印系统之间的数据交换需求。

（3）独立性　独立于软、硬件系统之外，文件大小也比较适中。

在STEP中，产品模型信息分为应用层、逻辑层和物理层三层结构。它强调建立一个产品模型的完整表示，而不只是产品的图形和可视化。正因为它的普适性，对于3D打印系统来说存在冗余的数据信息，需要开发必要的算法和解释器才能将有用数据转换到3D打印系统中。

4. LMI格式

LMI接口格式为新加坡南洋理工大学提出的一种文件格式，与STL文件相比，LMI文件的优点是：

（1）可支持不同模型　LMI文件支持面片模型，且包含三角形面片的拓扑信息，文件中的冗余信息被去除；LMI文件也支持精确的产品模型。由于3D打印技术的应用领域愈加广泛，保持模型的几何精度和内在本质非常重要。

（2）具有柔性和可扩展性　LMI文件具有柔性和可扩展性，而且在表示上也不存在二义性。

（3）小于STL文件　LMI文件远远小于STL文件，利用LMI文件进行3D打印前处理，效率显著提高。

4.2 认识常用的三维建模软件

三维软件技术以其直观化、可视化等优点在许多行业的概念设计、产品设计、产品制造、产品装配等方面都应用广泛，应用三维软件可以使产品的质量、成本、性能、可靠性、安全性等得到改善。目前市场上三维软件可谓是种类繁多，如UG、Pro/E、CATIA、Solidworks等，每个三维软件在建模方面都有自己的特色，本书挑选应用较为普遍的UG和Pro/E软件进行介绍。

4.2.1 三维模型的形体表示方法

随着计算机软件和硬件技术的发展，CAD技术的发展也突飞猛进，CAD软件中三维模型的构建和表达方法有很多种，其中最为常见的有以下几种：

1. 构造实体几何法

构造实体几何法（CSG）是计算机图形学与CAD中经常使用的一种程序化建模技术。在构造实体几何时，可以用逻辑运算符将不同物体组合成复杂的曲面。通常CSG用来表示较为复杂的模型或曲面，但是这些复杂的模型或曲面通常都是由简单的模型组合而成的。有时，构造实体几何法只在多边形网格上进行处理，这时模型并不是程序化或参数化的。

最简单的实体表示称作体元，通常是形状简单的模型，如立方体、圆柱体、棱柱、棱锥、球体、圆锥等。根据每个三维软件自身程序特点的不同，这些体元也有所不同。有的三维软件可以使用弯曲的模型进行CSG处理，但也有一些三维软件不支持这些功能。构造实体模型就是将体元根据集合理论中的布尔运算组合在一起，这些运算包括：并集、交集以及减除。构造实体几何法在三维造型中应用普遍，在需要简单几何物体的场合或者数学精度很关键的场合都有应用，这种建模方法操作也很简单。

2. 边界表达法

边界表示法（B-REP）是通过描述其边界来表示三维模型的方法。物体的边界是指物体内部点与外部点的分界面，因此定义了物体的边界，物体就被唯一确定。

在边界表示法中，描述物体的信息包含几何信息和拓扑信息。几何信息主要是描述模型的大小、位置、形状等。拓扑信息是模型上所有顶点、棱边、表面之间的连接关系。在边界表示法中，翼边结构是一种典型的数据结构，在点、边、面中以边为中心来组织数据。由于翼边结构在边的构造与使用方面较为复杂，因此人们对其进行了改进，提出了半边数据结构。半边数据结构与翼边数据结构的主要区别是半边数据结构将一条边分成两条边表示，每条边只与一个邻界面相关。在边界表示法中构造三维模型常用到的运算方法有：扫除运算（Sweep 运算）、欧拉运算、局部运算和集合运算等。

3. 参数表达法

在三维造型中，对于传统的几何基元很难描述的自由曲面可用参数表达法（简称 PR）描述。参数表达法借助参数化样条、贝塞尔 B 曲线和 B 样条来描述自由曲面，它的每一个 *X*、*Y*、*Z* 坐标都呈参数化形式。各种参数表达形式的差别仅在于对曲线的控制水平，即局部修改曲线而不影响邻近部分的能力，以及建立几何体模型的能力。其中较好的一种是非一致有理 B 样条法，它能表达复杂的自由曲面，同时可修改局部曲率和正确地描述几何基元。

4. 单元表达法

单元表达法（简称 CR）起源于分析（如有限元分析）软件，在这些软件中要求将表面离散成有限个单元。典型的单元有三角形、正方形、多边形等，在 3D 打印技术中采用的近似三角形（将三维模型转换成 STL 格式文件）就是一种单元表达法。

4.2.2 UG 简介

1. UG 软件特点

UG 软件是德国西门子公司推出的一套集 CAD/CAM/CAE 于一体的软件系统，是当今世界上最先进的计算机辅助设计、分析和制造软件之一，UG 的 CAD 功能实现了制造行业中常规的工程分析、设计和绘图功能的自动化，能够方便地绘制复杂的实体以及造型特征。UG 软件的非参数化功能也非常强大，建模过程方便自由，不受参数的约束与限制。

2. UG 软件各功能模块

（1）CAD 模块　UG 的 CAD 模块主要包括基本环境模块、建模应用模块、工程图应用模块、装配应用模块。

1）基本环境模块。基本环境模块为用户提供了一个方便的交互环境，是其他应用模块运行的平台，它可以打开已有文件、新建部件文件、保存部件文件、导入或导出不同类型的文件等操作。该模块还包括视图布局、在线帮助及输出图样、对象信息标注和分析等功能。

2）建模应用模块。建模应用模块是其他应用模块实现其功能的基础，是 UG 的核心模块。建模应用模块能提供一个实体建模的环境，从而快速实现概念设计。概念设计包括实体建模、特征建模、曲面建模等，可以自由表达设计者的思想，而且快速直观显示设计效果。

3）工程图应用模块。工程图应用模块用于创建模型的各种工程图，创建的图样和建模应用模块中创建的模型相关联，如果对实体进行修改，其改动会立即反映到工程图中，这种关联使模型修改变得轻松自如。

4）装配应用模块。装配应用模块应用于产品的虚拟装配，利用装配应用模块里的工具可以方便地完成所有零件的装配工作。装配的方式有两种：自顶向下和自底向上。在装配时，用户可以将部件增加到一个组件中，系统将在部件和组件之间建立一种联系，这种联系能够使系统保持对组件的追踪，部件更新后，系统将根据这种联系自动更新组件。

（2）CAM 模块　CAM 模块提供各种数控加工编程工具，使加工方法有更多的选择。CAM 模块将所有的 NC 编程系统中的元素集成到一起，包括刀具轨迹的创建和确认、后处理、机床仿真、数据转换工具、流程规划及车间文档等，使制造过程中的所有相关任务能够实现自动化。

利用 CAM 模块可以获取和重用制造知识，使 NC 编程实现自动化，CAM 模块中的刀具轨迹和机床运动仿真及验证有助于编程工程师改善 NC 程序质量和提高机床效率。CAM 模块主要包括交互工艺参数输入模块、刀具轨迹生成模块、刀具轨迹编辑模块、三维加工动态仿真模块和后置处理模块。

1）交互工艺参数输入模块。通过人机交互的方式，用对话框和过程向导的形式输入刀具、夹具、编程原点、毛坯、零件等工艺参数。

2）刀具轨迹生成模块（UG/Toolpath Generator）：包括车削、铣削、线切割等完善的加工方法。其中铣削主要有以下功能：

Panar Mill：平面铣削，包括单向行切，双向行切，环切以及轮廓加工等。

Fixed Contour：固定多轴投影加工。用投影方法控制刀具在单张或多张曲面上的移动，控制刀具移动的可以是已生成的刀具轨迹，一系列点或一组曲线。

Variable Contour：可变轴投影加工。

Parameter line：等参数线加工，可对单张曲面或多张曲面连续加工。

Zig-Zag Surface：裁剪面加工。

Rough to Depth：粗加工，将毛坯粗加工到指定深度。

Cavity Mill：多级深度型腔加工，特别适用于凸模和凹模的粗加工。

Sequential Surface：曲面交加工，按照零件面、导动面和检查面的思路对刀具的移动提供最大程度的控制。

3）刀具轨迹编辑模块（UG/Graphical Tool Path Editor）。刀具轨迹编辑器可用于观察刀具的运动轨迹，并提供延伸、缩短或修改刀具轨迹的功能。同时，能够通过控制图形和文本的信息去编辑刀具轨迹。因此，当要求对生成的刀具轨迹进行修改，或当要求显示刀具轨迹和使用动画功能显示时，都需要刀具轨迹编辑器。动画功能可选择显示刀具轨迹的特定段或整个刀具轨迹。附加的特征能够用图形方式修剪局部刀具轨迹，以避免刀具与定位件、压板等的干涉，并检查过切情况。

刀具轨迹编辑器主要特点：显示对生成刀具轨迹的修改或修正；可进行对整个刀具轨迹或部分刀具轨迹的刀轨动画；可控制刀具轨迹动画速度和方向；允许选择的刀具轨迹在线性或圆形方向延伸；能够通过已定义的边界来修剪刀具轨迹；提供运动范围，并执行在曲面轮廓铣削加工中的过切检查。

4）三维加工动态仿真模块（UG/Verify）。UG/Verify 交互地仿真检验和显示 NC 刀具轨迹，它是一个无需利用机床，成本低，高效率的测试 NC 加工应用的方法。UG/Verify 使用 NX/CAM 定义的 BLANK 作为初始毛坯形状，显示材料移去过程，检验如刀具和零件碰撞、曲面切削或过切和过多材料。最后在显示屏幕上建立一个完成零件的着色模型，用户可以把仿真切削后的零件与 CAD 的零件模型比较，因而用户可以方便地看到，什么地方出现了不正确的加工情况。

5）后置处理模块（UG/Postprocessing）。它包括一个通用的后置处理器（GPM），使用户能够方便地建立用户定制的后置处理。通过使用加工数据文件生成器（MDFG），一系列交互选项提示用户自定义特定机床和控制器特性的参数，包括：控制器和机床特征、线性和圆弧插补、标准循环、卧式或立式车床、加工中心等。这些易于使用的对话框允许为各种钻床、多轴铣床、车床、电火花线切割机床生成后置处理器。后置处理器的执行可以直接通过 UG 或通过操作系统来完成。

（3）CAE 模块　CAE 模块是进行产品分析的主要模块，主要包括高级仿真、设计仿真和运动仿真等。

1）高级仿真模块。高级仿真是一种综合性的有限元建模和结果可视化的产品，集成了有限元的强大功能。它将几何模型转换为有限元分析模型，可以进行全自动化网格划分、交互式网格划分、材料特性定义、载荷定义、约束条件定义、有限元分析结果图形化显示、分析结果动画模拟、数据输出等操作，对许多标准解算器（如 MSC Nastran、ANSYS、

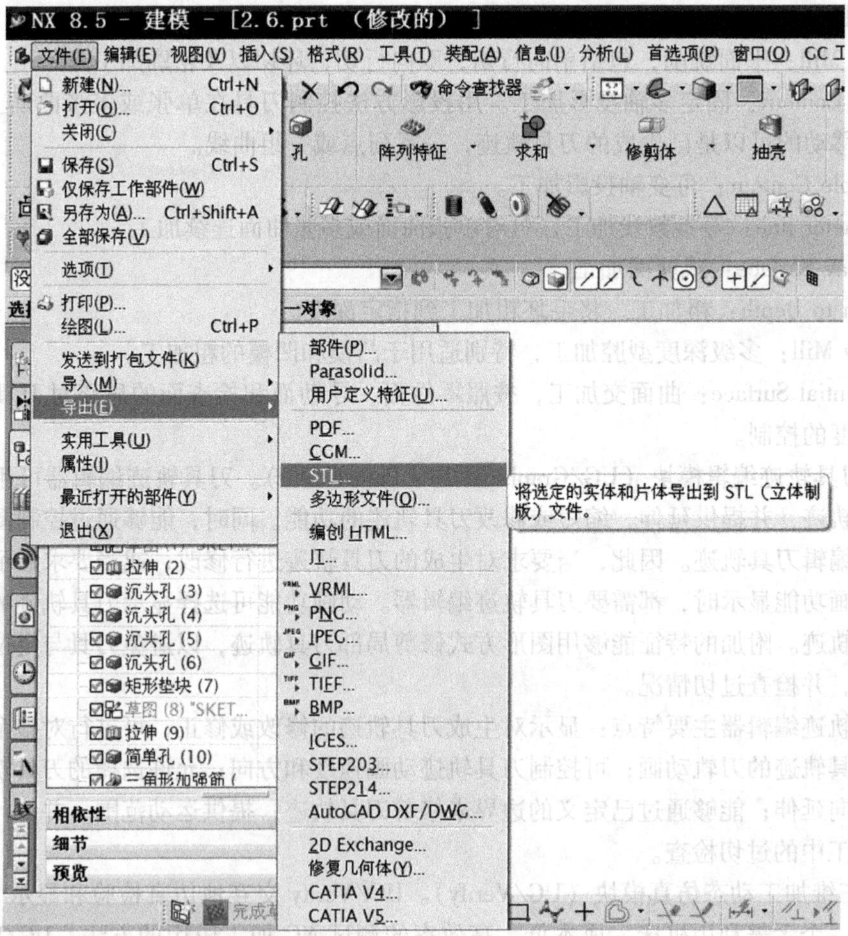

图 4-6　UG 软件的文件菜单

ABAQUS 等）提供无缝透明支持。

2）运动仿真模块。运动仿真模块可以帮助理解、评估和优化设计中的复杂运动，使产品的功能结构与开发目标更贴近。用户在运动仿真中可以模拟和评价机械系统的一些特性，如较大的位移、复杂的运动范围、加速度、力、运转能力和运动干涉等。

3）模流分析模块。模流分析模块用于对整个注射过程进行模拟分析，包括填充、保压、冷却、翘曲、取向、应力和收缩、熔接痕等，使模具设计师在设计阶段就能找出未来产品可能出现的缺陷，提高一次试模的成功率，为产品设计优化提供重要的参考依据。

3. UG 中 STL 文件的输出

1）选择 STL 菜单。选择菜单栏的“文件”→“导出”→“STL…”菜单，如图 4-6 所示。

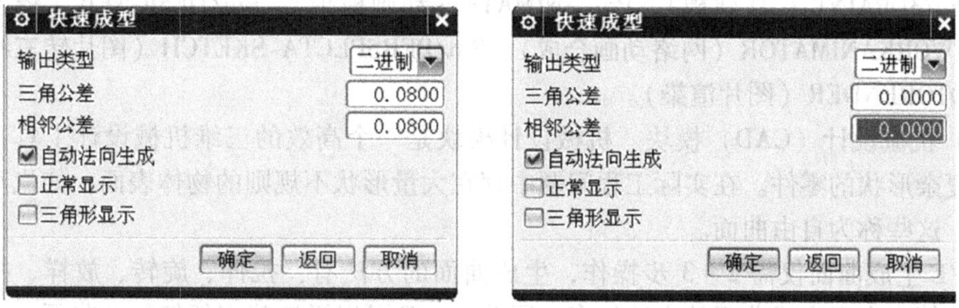

图 4-7　STL 参数设置

2）参数设置。如图 4-7 所示，在弹出的“快速成型”对话框中，STL 文件默认输出类型是二进制文件，将“三角公差”“相邻公差”的偏差控制数值修改成 0，单击“确定”按钮。这时系统会提示输入 STL 文件名，在文件对话框中输入文件名之后，单击“确定”按钮（或“OK”按钮），然后再单击“输入文件头信息”对话框的“确定”按钮，此时会弹出“类选择”对话框，用鼠标选取要输出的模型，单击“确定”按钮完成文件导出。

3）输出结果。某 CAD 模型用 UG 软件进行 STL 输出，最终形成的三角形化结果如图 4-8 所示。

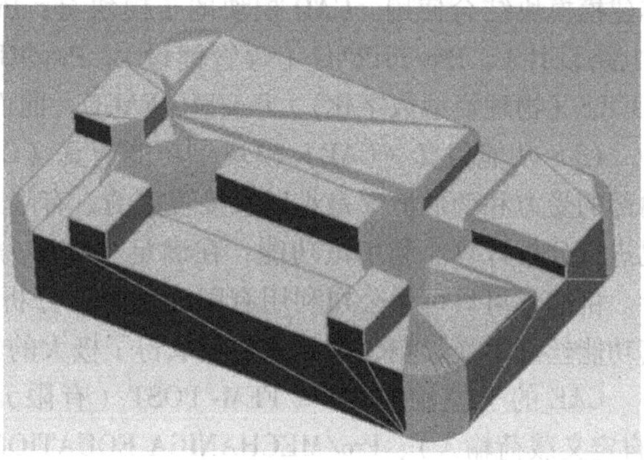

图 4-8　CAD 模型 STL 输出时的三角形化结果

4.2.3　Pro/ENGINEER 简介

1. Pro/ENGINEER 特点

Pro/ENGINEER（简称 Pro/E）是美国 PTC 公司的 CAD/CAM/CAE 一体化软件，以其参数化著称，是参数化技术的较早应用者。Pro/E 软件是第一个提出和采用参数化设计概念的三维软件，并且采用了单一数据库来解决特征的相关性问题。另外，它采用模块化方式，用户可以根据自身使用的需要进行自由选择，而不必安装软件所有模块。Pro/E 的基于特征方式能够将从设计到生产全过程集于一体，实现并行工程设计。

Pro/E 采用了模块方式，可以分别进行草图绘制、零件制作、装配设计、钣金设计、加工处理等，保证用户按照自己的需要选择使用。

Pro/E 主要适合于中小企业或中小产品快速建立较为简单的数字模型。

2. Pro/ENGINEER 各功能模块

（1）工业设计（CAID）模块 工业设计模块主要用于对产品进行几何设计。三维软件问世以前，在零件未制造完成时，是无法观看零件形状的，只能通过二维平面图进行想象。现在，用 3D 软件可以生成实体模型，但用 3D 软件构建的模型在工程实际中往往是“中看不中用”。用 Pro/E 生成的实体模型，不仅中看，而且相当管用。

Pro/E 后阶段各个工作数据的产生都依赖于实体建模所生成的数据。工业设计模块的子模块有：Pro/3DPAINT（3D 建模）、Pro/ANIMATE（动画模拟）、Pro/DESIGNER（概念设计）、Pro/NETWORKANIMATOR（网络动画合成）、Pro/PERSPECTA-SKETCH（图片转三维模型）、Pro/PHOTORENDER（图片渲染）。

（2）机械设计（CAD）模块 机械设计模块是一个高效的三维机械设计工具，它可绘制任意复杂形状的零件。在实际工程问题中存在大量形状不规则的物体表面，如汽车、玩具的外形，这些称为自由曲面。

Pro/E 生成曲面仅需 2 ~ 3 步操作，生成曲面的方法有：拉伸、旋转、放样、扫掠、网格、点阵等。由于生成曲面的方法较多，因此 Pro/E 可以迅速建立任何复杂曲面。

Pro/E 的 CAD 模块支持 GB（国家标准）、ANSI（美国国家标准学会标准）、ISO（国际标准化组织标准）和 JIS（日本工业标准）等标准，可作为高性能系统独立使用，也能与其他实体建模模块结合使用。CAD 模块的子模块有：Pro/ASSEMBLY（实体装配）、Pro/CABLING（电路设计）、Pro/PIPING（弯管铺设）、Pro/REPORT（应用数据图形显示）、Pro/SCAN-TOOLS（物理模型数字化）、Pro/SURFACE（曲面设计）、Pro/WELDING（焊接设计）。

（3）功能仿真（CAE）模块 功能仿真（CAE）模块主要进行有限元分析。机械零件内部的受力和变形情况是难以直接观察的，有限元仿真可以对零件内部的受力状态和变形情况进行分析计算。利用该功能，在满足零件受力要求的基础上，可对零件进行充分优化设计。例如，可口可乐公司利用有限元仿真，分析其饮料瓶，使瓶体质量减轻了近 20%，而其功能丝毫不受影响，仅此一项就取得了极大的经济效益。

CAE 的子模块有：Pro/FEM-POST（有限元分析）、Pro/MECHANICA CUSTOMLOADS（自定义载荷输入）、Pro/MECHANICA EQUATIONS（第三方仿真程序连接）、Pro/MECHANICA MOTION（指定环境下装配体运动分析）、Pro/MECHANICA THERMAL（热分析）、Pro/MECHANICA TIRE MODEL（车轮动力仿真）、Pro/MECHANICA VIBRATION（震动分析）、Pro/MESH（有限元网格划分）。

（4）制造（CAM）模块 CAM 模块在机械行业中用到的功能是 NC Machining（数控加工）。

Pro/E 的 NC 子模块有：Pro/CASTING（铸造模具设计）、Pro/MOLDESIGN（塑料模具设计）、Pro/MFG（电加工）、Pro/NC-CHECK（NC 仿真）、Pro/NCPOST（CNC 程序生成）、Pro/SHEETMETAL（钣金设计）。

（5）数据管理（PDM）模块 数据管理模块就像 Pro/E 家庭的一个大管家，将触角伸到每一个任务模块，并自动跟踪创建的数据，这些数据包括存储在模型文件或库中的零件数据。这个管家通过一定的机制，保证了所有数据的安全及存取方便。

Pro/E 数据管理模块包括 Pro/PDM（数据管理）和 Pro/REVIEW（模型图纸评估）。

（6）数据交换模块　在实际工作中还使用其他 CAD 系统，如 UG 等，为了接收其他 CAD 系统的数据，就要用到数据交换。

Pro/E 中几何数据交换模块有 Pro/CAT（Pro/E 和 CATIA 的数据交换）、Pro/CDT（二维工程图接口）、Pro/DATA FOR PDGS（Pro/E 和福特汽车设计软件的接口）、Pro/DEVELOP（Pro/E 软件开发）、Pro/DRAW（二维数据库数据输入）等。

3. Pro/ENGINEER 中 STL 文件的输出

（1）选择菜单栏　选择菜单栏的“文件”→“保存副本”菜单，如图 4-9 所示。

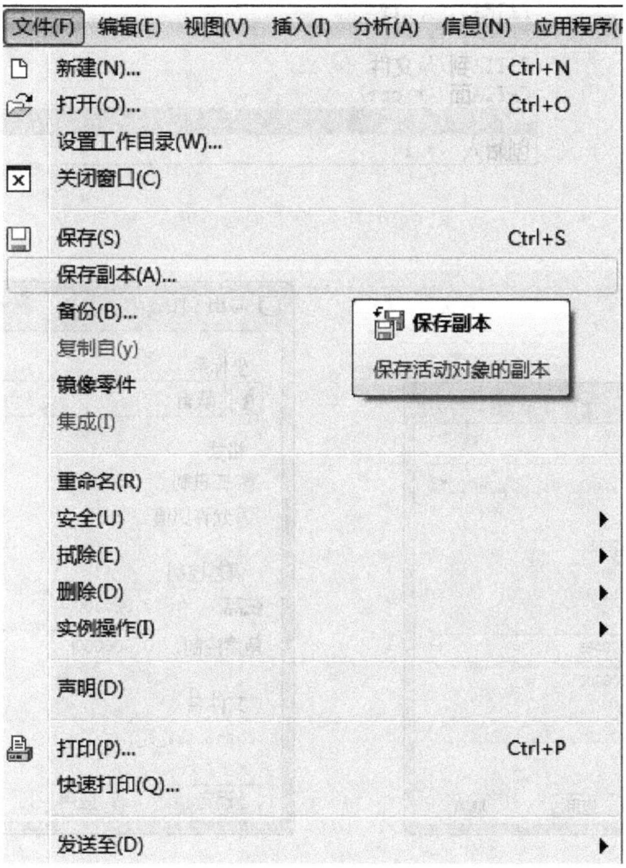

图 4-9　Pro/E 软件中的文件菜单

在弹出的“保存副本”对话框中选择“STL”类型，单击“确定”按钮，如图 4-10 所示。

（2）精度设置　在弹出的“导出 STL”对话框中系统默认的是二进制 STL 文件，有两种偏差控制方式，即“弦高”和“角度控制”，如图 4-11 所示。

在“导出 STL”对话框中将“弦高”“角度控制”数值都修改成 0，此时系统会重新计算出一个新的弦高，单击“确定”按钮，如图 4-12 所示。某 CAD 模型采用 Pro/E 进行 STL 输出形成的三角形化结果如图 4-13 所示。

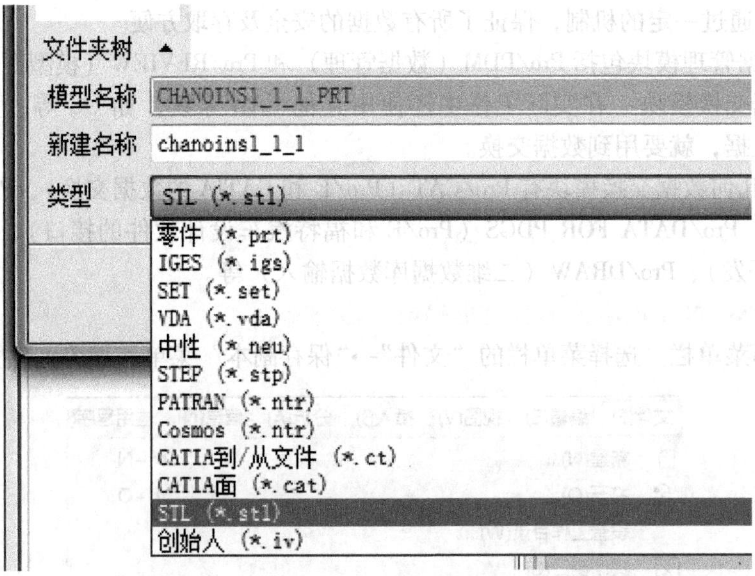

图 4-10　STL 保存类型菜单

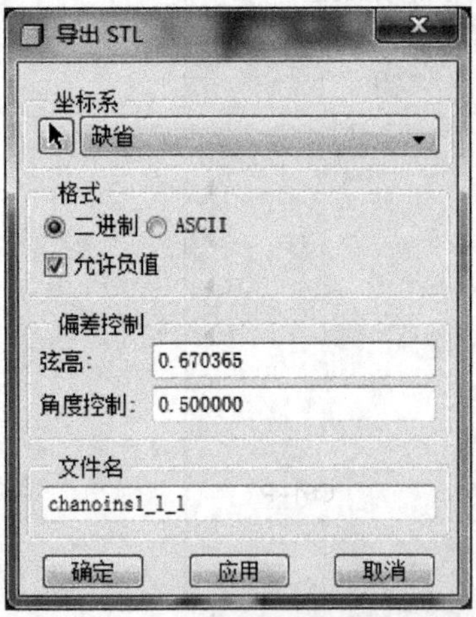

图 4-11　“导出 STL”对话框（一）

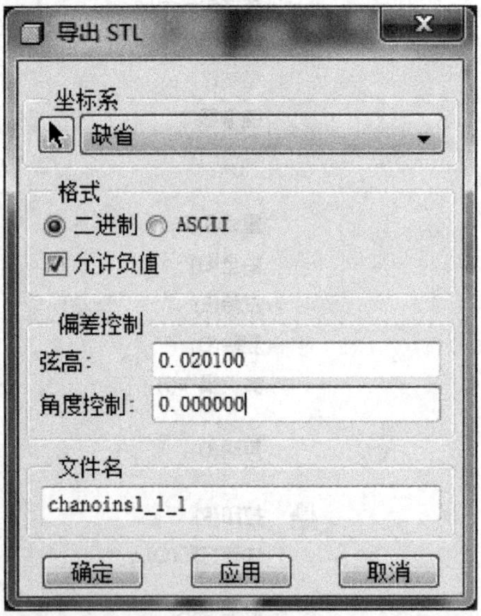

图 4-12　“导出 STL”对话框（二）

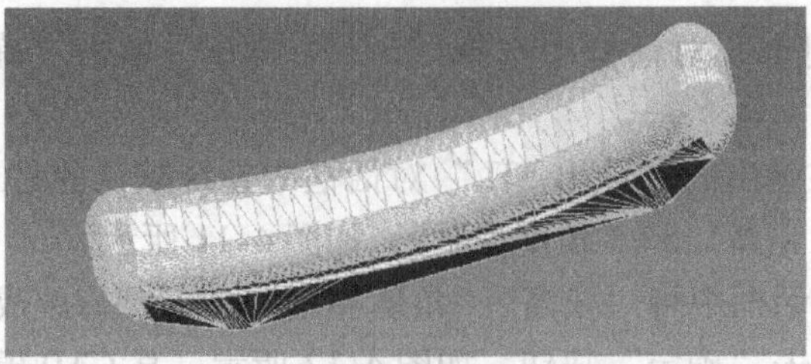

图 4-13　CAD 模型 STL 输出时三角形化结果

4.3 认识逆向建模技术

4.3.1 逆向工程简介

市场竞争的激烈，迫使制造业在不断改善产品的性能与品质的前提下，最大限度地缩短新产品的开发周期，降低成本，以便快速响应客户最新的需求。这种趋势在汽车、摩托车、电子产品、家用电器、玩具等制造业显得尤为突出。在此背景下，由实物直接获得三维CAD 模型的技术即逆向工程应运而生并且得到快速发展。

逆向工程（简称 RE）也称反求工程，是一种以产品设备的实物、样件、软件（包括图样、程序、技术文件等）或影像（图片、照片等）作为研究对象，应用产品设计方法学、系统工程学、计算机辅助技术方法进行系统分析和研究，探索掌握其关键技术，进而开发出同类的或更先进产品的技术，是针对消化吸收先进技术采取的一系列分析方法和应用技术的综合。作为一种逆向思维的工作方式，逆向工程技术与传统的产品设计方法不同，它是根据已经存在的产品或零件原型来构造产品的工程设计模型或概念模型，并在此基础上对已有产品进行解析、深化和再创造，是对已有设计的再设计。

目前，逆向工程已经成为新产品开发的重要手段之一，它有利于设计人员快速消化、吸收原产品的优点，并在原产品的基础上进行各种创新设计。

1. 逆向工程的具体内容

逆向工程是将数据采集设备获取的实物样件表面及内腔数据，输入专门的数据处理软件或带有数据处理能力的三维 CAD 软件进行处理和三维重构，在计算机上复现实物样件的几何形状，并在此基础上进行修改或重设计，该方法主要用于对难以精确表达的曲面形状或未知设计方法的构件形状进行三维重构和再设计。

逆向工程是综合性很强的技术，它以设计方法学为指导，以现代设计理论、方法、技术为基础，运用各种专业人员的工程设计经验、知识和创新思维，对已有新产品进行解剖、深化和再创造，是已有设计的再设计，这就是逆向工程的含义，再创造是逆向工程的灵魂。

逆向工程技术的研究对象多种多样，主要可以分为以下几类：

实物类：主要是指产品设备的实物本身。

软件类：包括产品设备的图样、程序、技术文件等。

影像类：包括产品设备的图片、照片或以影像形式出现的资料。

逆向工程包含对产品的研究与发展、生产制造过程、管理和市场组成的完整系统的分析和研究。主要包括以下几个方面：

（1）探索原产品设计的指导思想　掌握原产品设计的指导思想是分析了解整个产品设计的前提，如微型汽车的消费群体是普通百姓，其设计的指导思想是在满足一般功能的前提下，尽可能降低成本，所以结构上通常是简化的。

（2）探索原产品原理方案的设计　各种产品都是按预定的使用要求设计的，所以产品的功能目标是产品设计的核心问题。产品的功能概括而论是能量、物料信号的转换。例如，一般动力机构的功能通常是能量转换，工作机通常是物料转换，仪器仪表通常是信号转换。

不同的功能目标，可引出不同的原理方案。设计一个夹紧装置时，把功能目标定在机械手段上，则可能设计出斜楔夹紧、螺旋夹紧、偏心夹紧、定心夹紧、联动夹紧等原理方案；如把功能目标确定扩大，则可设计出液动、气动、电磁夹紧等原理方案。探索原产品原理方案的设计，可以了解功能目标的确定原则，这对产品的改进设计有极大帮助。

（3）研究产品的结构设计　产品中零部件的具体结构是实现产品功能目标的保证，对产品的性能、工作能力、经济性、寿命和可靠性有着密切关系。

（4）确定产品的零部件形体尺寸　分解产品实物，由外至内，由部件至零件，通过测绘与计算确定零部件形体尺寸，并用图样及技术文件方式表达出来。它是反求设计中工作量很大的一部分工作，为更好地进行形体尺寸的分析与测绘，应总结箱体类、轴类、盘套类、齿轮、弹簧、曲线曲面及其他特殊形体的测量方法，并合理标注尺寸。

（5）确定产品中零件的精度　确定零件的精度（即公差设计）是反求设计中的难点之一。通过测量，只能得到零件的加工尺寸，而不能获得几何精度的分配。精度是衡量反求对象性能的重要指标，是评价反求设计产品质量的主要技术参数之一。科学合理地进行精度分配，对提高产品的装配精度和力学性能至关重要。

（6）确定产品中零件的材料　通过零件的外观比较、重量测量、力学性能测定、化学分析、光谱分析、金相分析等试验方法，对材料的物理性能、化学成分、热处理等情况进行全面鉴定，在此基础上，考虑资源及成本，选择合适的国产材料，或参照同类产品的材料牌号，选择满足力学性能及化学性能的国有材料代用。

（7）确定产品的工作性能　针对产品的工作特点、机器主要性能进行试验测定、反求计算和深入地分析，了解产品的设计准则和设计规范，并提出改进措施。

（8）确定产品的造型　对产品的外形构造、色彩设计等进行分析，从美学原则、顾客需求心理、商品价值等角度进行构型设计和色彩设计。

（9）确定产品的维护与管理　分析产品的维护和管理方式，了解重要零部件及易损零部件，有助于维修及设计的改进和创新。

2. 应用领域

逆向工程的应用领域可分为以下几种：

（1）无图样或者图样不完整情况

在没有设计图样或者设计图样不完整以及没有CAD模型的情况下，在对零件原型进行测量的基础上形成零件的设计图样或CAD模型，并以此为依据利用3D打印技术制造出相同的零件原型。

（2）需要通过实验测试才能定型的工件模型　当设计需要通过实验测试才能定型的工件模型时，通常采用逆向工程的方法。如航天航空领域，为了满足产品对空气动力学等要求，首先要求在初始设计模型的基础上经过各种性能测试（如风洞实验等）建立符合要求的产品模型，这类零件一般具有复杂的曲面外形，最终的实验模型将成为设计这类零件及反求其模具的依据。

（3）美学设计特别重要的领域　在美学设计特别重要的领域，例如汽车外形设计广泛采用真实比例的木制或泥塑模型来评估设计的美学效果，而不采用在计算机屏幕上显示物体视图的方法，此时需用逆向工程的设计方法。

（4）修复破损的艺术品或缺乏供应的损坏零件　修复破损的艺术品或缺乏供应的损坏

零件等，此时不需要对整个零件原型进行复制，而是借助逆向工程技术抽取零件原型的设计思想，指导新的设计。这是由实物逆向推理出设计思想的渐进过程。

3. 工作阶段划分

一般情况下，逆向工程的工作阶段划分如下：

（1）零件原型的数字化　通常采用三坐标测量机（简称 CMM）或激光扫描仪等测量装置来获取零件原型表面点的三维坐标值。

（2）从测量数据中提取零件原型的几何特征　按测量数据的几何属性对其进行分割，采用几何特征匹配与识别的方法来获取零件原型所具有的设计与加工特征。

（3）零件原型 CAD 模型的重建　将分割后的三维数据在 CAD 系统中分别做表面模型的拟合，并通过各表面片的求交与拼接获取零件原型表面的 CAD 模型。

（4）重建 CAD 模型的检验与修正　根据获得的 CAD 模型重新测量和加工出样品，检验重建的 CAD 模型是否满足精度要求或其他试验性能指标的要求，对不满足要求者重复以上过程，直至达到零件的逆向工程设计要求。

4. 逆向工程常用测量方法

在逆向工程中，数据采集方法可分为接触式、非接触式和逐层扫描。通常采用三坐标测量机（CMM）或激光扫描等测量装置来获取零件表面点的三维坐标值。测量得到的三维坐标点的集合通常称为“点云”。包含更多实测物体信息的大容量、高密度点云称为“海量数据点云”。

通过特定的测量设备和测量方法获取零件表面离散的几何坐标数据，在此基础上进行复杂曲面的建模、评价、改进和制造，从而高效、高精度地实现样件表面的数据采集，是逆向工程实现的基础和关键技术。

目前，逆向工程常用的测量方法是接触式测量和非接触式测量。

（1）接触式测量　接触式测量方法是利用机械探头接触实物样件的表面，由机械臂关节处的传感器确定相对坐标位置。该方法稳定，伪劣点少、精度高，但是测量速度慢。最常见的接触式数据采集方法是三坐标测量机。CMM 使其接触探头沿被测表面经过编程的路径逐点捕捉表面数据。测量时，可根据实物的特征选择测量位置及方向，测得特征点数据。

（2）非接触式测量　采用非接触式测量方法采集实物模型的表面数据时，测头不与实物表面接触，利用与物体表面产生相互作用的物理信息来获取被测物体的三维信息。其中应用光学原理的现代三维测量方法发展快速，如激光扫描三角法、光栅投影法、莫尔轮廓法、激光干涉法、摄影测量法等。激光扫描三角法已经成熟，应用已比较广泛；光栅投影法是新近研究的热点，技术也越来越成熟，走向实用。非接触式测量的共同特点是不仅能测量大型工件，如汽车车身等，也能测量小型物体，如硬币表面等。

（3）逐层扫描数据采集方法　逐层扫描数据采集方法主要有工业 CT、MRI（核磁共振）和层切图像法。这种方法可对零件表面和内部结构进行精确测量，所测得的数据点密集、完整，并包含了所测零件的拓扑结构。

4.3.2 商用逆向工程软件

逆向工程软件功能通常都是集中于处理和优化密集的扫描点云以生成更规则的结果点

云，通过规则的点云可以应用于3D打印，也可以根据这些规则的点云构建出最终的非均匀有理B样条曲线（简称NURBS）曲面，以输入到CAD软件进行后续的结构和功能设计工作。

目前主流应用的逆向工程软件有：Imageware、Geomagic Studio、CopyCAD、RapidForm。

1. Imageware软件

Imageware由美国EDS公司出品，是著名逆向工程软件的被广泛应用于汽车、航空、航天、消费家电、模具、计算机零部件等设计与制造领域。

逆向工程软件Imageware的主要模块有：Surfacer：逆向工程工具和class 1曲面生成工具。Verdict：对测量数据和CAD数据进行对比评估。Build it：提供实时测量能力，验证产品的制造性。RPM：生成3D打印数据。View：功能与Verdict相似，主要用于提供三维报告。

Imageware采用NURBS技术，软件功能强大，易于应用。Imageware对硬件要求不高，可运行于UNIX工作站、PC机，操作系统可以是UNIX、WindowsNT、Windows及其他平台。

2. Geomagic Studio软件

由美国Raindrop公司出品的逆向工程和三维检测软件Geomagic Studio可轻易地从扫描所得的点云数据创建出完美的多边形模型和网格，并可自动转换为NURBS曲面。该软件是除了Imageware以外应用最为广泛的逆向工程软件。

Geomagic Studio主要包括Qualify、Shape、Wrap、Decimate、Capture模块。主要功能包括：

1）自动将点云数据转换为多边形（Polygons）。

2）快速减少多边形数目（Decimate）。

3）把多边形转换为NURBS曲面。

4）曲面分析（公差分析等）。

5）输出与CAD/CAM/CAE匹配的文件格式（IGS、STL、DXF等）。

3. CopyCAD软件

CopyCAD是由英国DELCAM公司出品的功能强大的逆向工程系统软件，它允许从已存在的零件或实体模型中产生三维CAD模型，可接收来自坐标测量机的数据，同时跟踪测量机和激光扫描器。

CopyCAD使用简单，允许用户在尽可能短的时间内进行生产，并快速掌握其功能。使用CopyCAD的用户将能够快速编辑数据，产生高质量的复杂曲面。该软件可以完全控制曲面边界的选取，然后根据设定的公差自动产生光滑的多块曲面，同时，CopyCAD还能够确保连接曲面之间的连续性。

4. RapidForm软件

RapidForm是韩国INUS公司出品的逆向工程软件，RapidForm提供了新一代运算模式，可实时将点云数据转换成无接缝的多边形曲面，是三维扫描后处理的最佳接口。

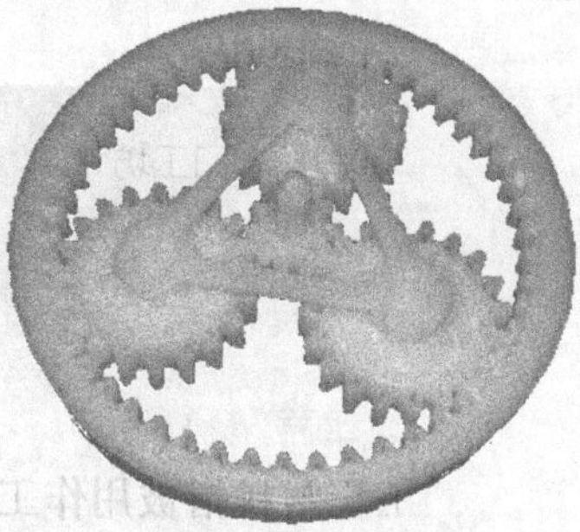

第5章

认识3D打印材料

5.1　3D打印常用材料介绍

3D打印材料作为新兴科技产业，近年来发展迅猛，成为国家重点推动发展的产业。目前，3D打印材料的总量超过200种，每隔一段时间就会有新材料诞生，然而对于3D打印的发展而言，这些材料远远不够。近年来相继涌现了以塑料、陶瓷、金属、LayWood、蜡材料等作为3D打印材料。分类详见表5-1。除此之外，彩色石膏材料、人造骨粉、细胞生物原料以及砂糖等食品材料也在3D打印领域得到了应用。

表5-1　3D打印材料分类

<table>
<tr><td rowspan="13">聚合物材料</td><td rowspan="7">工程塑料</td><td>ABS材料</td></tr>
<tr><td>PA材料</td></tr>
<tr><td>CP材料</td></tr>
<tr><td>PPFS材料</td></tr>
<tr><td>PEEK材料</td></tr>
<tr><td>EP材料</td></tr>
<tr><td>Endur材料</td></tr>
<tr><td rowspan="3">生物塑料</td><td>PLA材料</td></tr>
<tr><td>PETG材料</td></tr>
<tr><td>PCL材料</td></tr>
<tr><td colspan="2">热固性塑料</td></tr>
<tr><td colspan="2">光固化树脂</td></tr>
<tr><td colspan="2">高分子凝胶</td></tr>
<tr><td rowspan="6">金属材料</td><td rowspan="2">钢铁材料</td><td>不锈钢材料</td></tr>
<tr><td>高温合金材料</td></tr>
<tr><td rowspan="4">非铁金属材料</td><td>钛材料</td></tr>
<tr><td>铝镁合金材料</td></tr>
<tr><td>镓材料</td></tr>
<tr><td>稀贵金属材料</td></tr>
<tr><td>陶瓷材料</td><td colspan="2" rowspan="2"></td></tr>
<tr><td>复合材料</td></tr>
</table>

5.1.1 聚合物材料

1. 工程塑料

工程塑料指被用作工业零件或外壳材料的工业用塑料，它具有强度高、耐冲击性、耐热性、硬度高以及抗老化等优点，正常变形温度可以超过90℃，可进行机械加工、喷漆以及电镀。工程塑料是当前应用最广泛的一类3D打印材料，常见的有丙烯腈-丁二烯-苯乙烯共聚物（ABS）、聚酰胺（PA）、聚碳酸酯（PC）、聚苯砜（PPSF）、聚醚醚酮（PEEK）等。

（1）ABS材料　ABS材料具有良好的热熔性和冲击强度，是熔融沉积成形3D打印工艺的首选工程塑料，目前主要是将ABS预制成丝、粉末化后使用，应用范围涵盖所有日用品、工程用品和部分机械用品。ABS材料的颜色种类很多，如图5-1所示，有象牙色、白色、黑色、深灰色、红色、蓝色、玫瑰红色等，在汽车、家电、电子消费品领域有广泛的应用。

近年来，ABS不但在应用领域逐步扩大范围，性能也在不断提升，借助ABS强大的粘结性和强度，通过对ABS的改性，使其作为3D打印材料在适用范围上进一步扩大。2014年，国际空间站用ABS材料使用3D打印机为其打印零部件；3D打印机材料公司Stratasys公司研发的ABS-M30材料，其力学性能比传统的ABS材料提高了67%，从而扩大了ABS的应用范围。图5-2为使用ABS耗材打印的齿轮。

图5-1　ABS材料

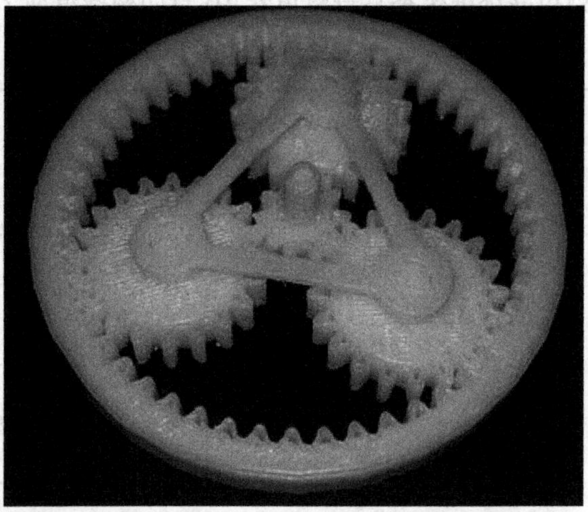

图5-2　使用ABS耗材打印的齿轮

（2）PC材料　PC（聚碳酸酯）材料是一种热塑性材料，具有高强度、耐高温、抗冲击、抗弯曲等特点，其强度比ABS材料还要高60%，可以作为最终零部件使用。德国拜耳公司开发的PC2605可用于防弹玻璃、树脂镜片、车头灯罩、宇航员头盔面罩、智能手机机身、机械齿轮等异型构件的3D打印制造。图5-3为使用高透明PC材料制成的阳光板。

PC工程材料的应用领域主要有玻璃装配业、汽车工业和电子电器工业，其次还有工业机械零件、光盘、计算机等办公室设备、医疗及保健、薄膜、休闲和防护器材等。PC可用作门窗玻璃，PC层压板广泛用于银行、使馆和公共场所的防护窗，用于飞机舱罩、照明设备、工业安全挡板和防弹玻璃。图5-4为使用医疗级PC材料制作成的注射器。

图 5-3　使用高透明 PC 材料制成的阳光板

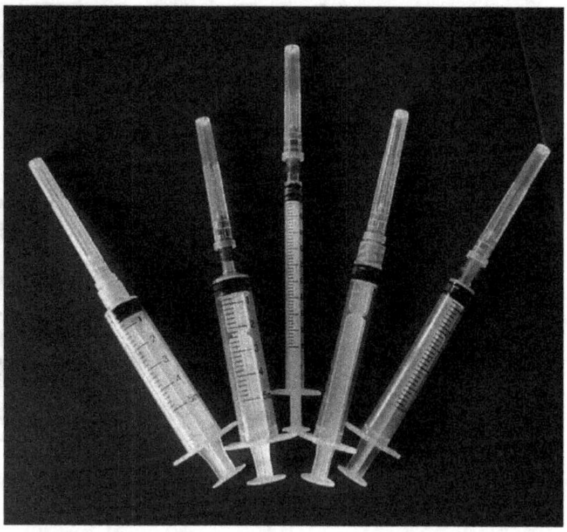

图 5-4　使用医疗级 PC 材料制作成的注射器

（3）PA 材料　PA 材料虽然强度高，但也具备一定的柔韧性，因此，可以基于 PA 材料进行 3D 打印制造零件。PA 碳纤维复合塑料具有很高的韧度，可用于打印机械工具代替金属工具。PA 工程塑料可用于 3D 打印制造发动机周边零件、门把手套件、制动踏板等。用 PA 材料代替传统的金属材料，最终解决了汽车轻量化问题。

PA 材料广泛应用于制造燃料滤网、燃料过滤器、罐、捕集器、储油槽、发动机气缸盖罩、散热器水缸、平衡旋转轴齿轮；也可用在汽车的电气配件、接线柱以及用于制作一次性打火机体、碱性干电池衬垫、摩托车驾驶员头盔、办公机器外壳等。

图 5-5 为 PA 粉末及其复合材料，图 5-6 为用 PA 材料制作的钓鱼线。

图 5-5　PA 粉末及其复合材料

（4）PPSF 材料　PPSF 材料是所有热塑性材料中强度最高，耐热性最好，耐蚀性最高的材料，PPSF 在各种快速成形工程塑料之中性能最佳，通过碳纤维、石墨的复合处理，能够表现出极高的强度，可用于 3D 打印制造承受负荷的制品，成为替代金属、陶瓷的首选材料，广泛用于航空航天、交通工具及医疗行业。通常作为最终零部件使用。图 5-7 为利用 PPSF 材料制作的眼镜。

图 5-6　用 PA 材料制作的钓鱼线

（5）PEEK 材料　PEEK（聚醚醚酮）材料是一种具有耐高温、自润滑、易加工和高力学强度等优异性能的特种工程塑料，可制造成各种机械零部件，如汽车齿轮、油筛、换档启动盘、飞机发动机零部件、自动洗衣机转轮、医疗器械零部件等。

PEEK 具有优异的耐磨性、生物相容性、化学稳定性以及杨氏模量最接近人骨等优点，是理想的人工骨替换材料，适合长期植入人体。基于熔融沉积成形原理的 3D 打印技术通过与 PEEK 材料结合可制造仿生人工骨。图 5-8 为利用 PEEK 材料制造的人体植入物。

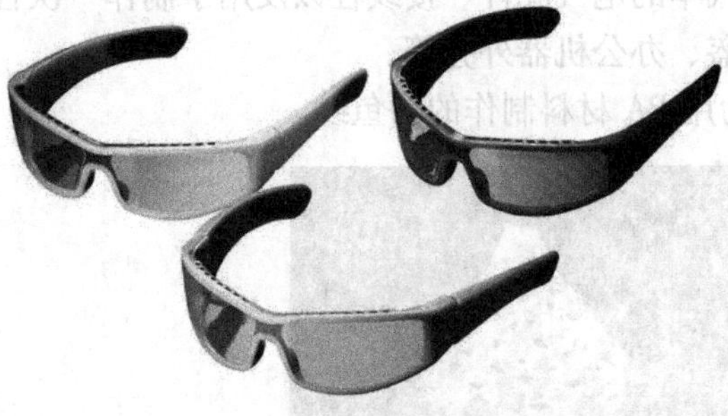

图 5-7　利用 PPSF 材料制作的眼镜

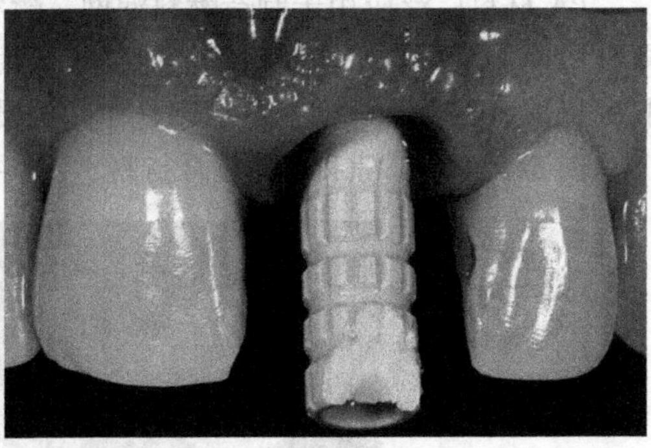

图 5-8　利用 PEEK 材料制造的人体植入物

（6）EP 材料　EP 即弹性塑料，它是最新研制的一种 3D 打印原材料，非常柔软，在进行塑形时跟 ABS 一样采用“逐层烧结”原理，但打印的产品弹性相当好，变形后也容易复原。这种材料可用于制作 3D 打印鞋、手机壳和 3D 打印衣物等产品，它能避免用 ABS 打印的穿戴物品或者可变形类产品存在的脆弱性问题。图 5-9 所示为使用 EP 材料打印的鞋子。

（7）Ender 材料　Ender 材料是一款全新的 3D 打印材料，它是一种先进的防聚丙烯材料，可满足各种不同领域的应用需求。Ender 材料具有高强度、柔韧度好和耐高温性能，用其打印的产品表面质量佳，且尺寸稳定性好，不易收缩。Ender 材料具有出色的仿聚丙烯性能，能够用于打印运动部件、咬合啮合部件以及小型盒子和容器。图 5-10 所示为 Ender 材料。

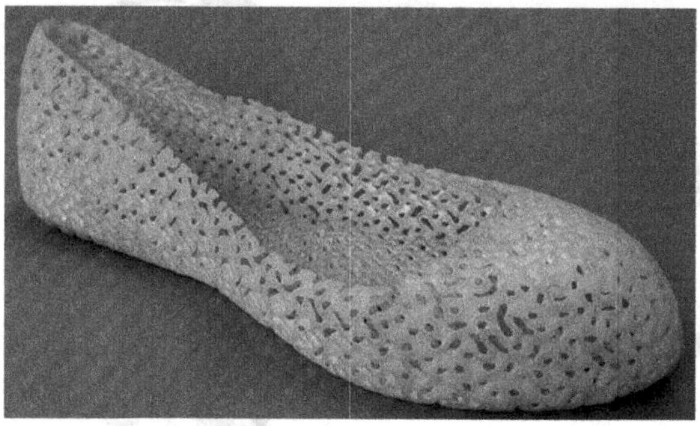

图 5-9　使用 EP 材料打印的鞋子

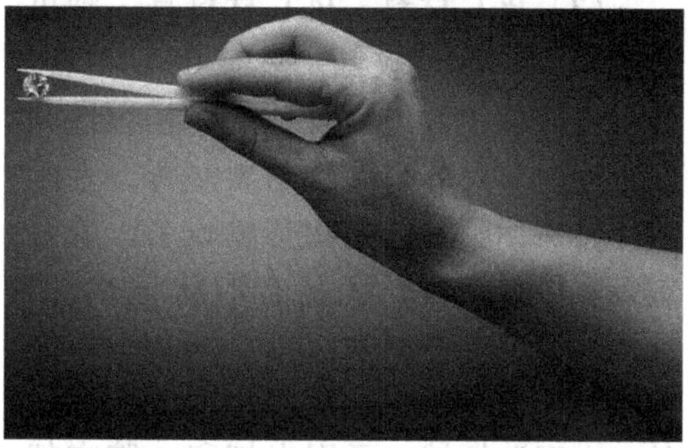

图 5-10　Ender 材料

2. 生物塑料

甲酸乙二醇酯-1、4-环己烷二甲醇酯（PETG）、聚-羟基丁酸酯（PHB）、聚-羟基戊酸酯（PHBV）、聚丁二酸-丁二醇酯（PBS）、聚己内酯（PCL）等，具有良好的可生物降解性。

（1）PLA 材料　PLA 即聚乳酸，它是 3D 打印起初使用的原材料，具有多种半透明色和光泽感。PLA 是一种新型的生物基及可生物降解材料，具有良好的生物可降解性，使用后能被自然界中微生物在特定条件下完全降解，最终生成二氧化碳和水，不污染环境，这对保护环境非常有利，是公认的环境友好材料。

图 5-11 所示为 PLA 材料，图 5-12 所示为使用 PLA 材料打印的物体。

图 5-11　PLA 材料

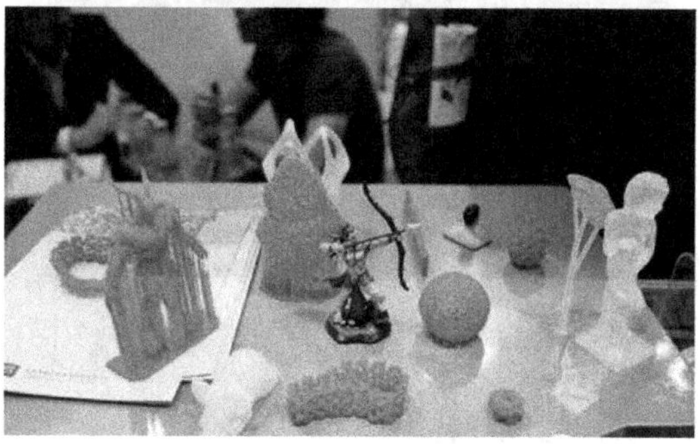

图 5-12　使用 PLA 材料打印的物体

（2）PETG 材料　PETG 材料是一种透明塑料，具有较好的黏度、透明度、颜色、耐化学药剂和抗应力白化能力，可快速成形或挤出吹塑成形。其黏度比丙烯酸（亚克力）好，制品高度透明，抗冲击性能优异，特别适宜成形厚壁透明制品，可以广泛应用于板片材、高性能收缩膜、瓶用及异型材等市场。

PETG 作为一种新型的 3D 打印材料，兼具 PLA 和 ABS 的优点。在 3D 打印时，材料的收缩率非常小，并且具有良好的疏水性，无需在密闭空间里储存。由于 PETG 的收缩率低、温度低，在打印过程中几乎没有气味，使得 PETG 在 3D 打印领域产品具有更为广阔的开发应用前景。

图 5-13 所示为 PETG 材料，图 5-14 所示为利用 PETG 材料制作的化妆品瓶和瓶盖，具有玻璃一样的透明度。

（3）PCL 材料　PCL 材料是一种可降解聚酯，熔点较低，只有 60℃左右，具有良好的生物降解性、生物相容性和无毒性，与大部分生物材料一样，常常用作特殊用途，如药物传输设备、缝合剂等；同时，PCL 还具有形状记忆性。在 3D 打印中由于它熔点低，所以并不需要很高的打印温度，从而达到节能的目的。在医学领域，可用来打印心脏支架等。图 5-15 所示为利用 PCL 材料打印的玩具。

图 5-13　PETG 材料

图 5-14　利用 PETG 材料制作的化妆品瓶和瓶盖

图 5-15　利用 PCL 材料打印的玩具

3. 热固性塑料

热固性塑料是以热固性树脂为主要成分，配合以各种必要的添加剂通过交联固化形成制品的塑料。热固性塑料第一次加热时可以软化流动，加热到一定温度，产生化学反应——交联固化而变硬，这种变化是不可逆的，此后再次加热时，已不能再变软流动。正是借助这种特性进行成形加工，利用第一次加热时的塑化流动在压力下充满型腔，进而固化成为确定形状和尺寸的制品。

热固性塑料如环氧树脂、不饱和聚酯、酚醛树脂、氨基树脂、聚氨酯树脂、有机硅树脂、芳杂环树脂等具有强度高、耐火性的特点，非常适合 3D 打印的粉末激光烧结成形工艺。

图 5-16 所示为 3D 打印的热固性树脂材料，可用于建筑；图 5-17 所示为热固性塑料键盘。

4. 光固化树脂

光固化树脂又称光敏树脂，是一种受光线照射后能在较短的时间内迅速发生物理和化学变化，进而交联固化的低聚物。

图 5-16　3D 打印的热固性树脂材料

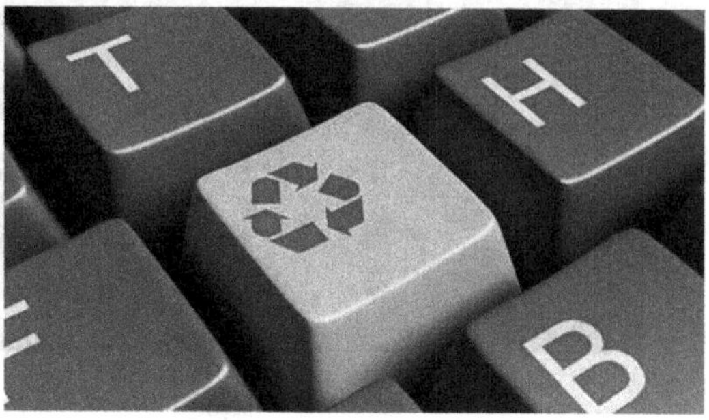

图 5-17　热固性塑料键盘

光固化树脂由于具有良好的液体流动性和瞬间光固化特征，使得液态光固化树脂成为3D 打印用于高精度制品打印的首选材料。光固化树脂固化速度快、表干性能优异，成形后产品外观平滑，可呈现透明或半透明磨砂状态。光固化树脂具有气味小、刺激性成分低等特征，非常适合个人桌面 3D 打印系统。光固化复合树脂是目前口腔科常用的充填、修复材料，由于它色泽美观，具有一定的抗压强度，因此在临床应用中起着重要的作用，用于前牙各类缺损及窝洞修复能取得满意的效果。

图 5-18 所示为利用光固化树脂材料制作的牙齿，图 5-19 所示为利用光固化树脂材料打印出来的物体，呈现出半透明磨砂状态。

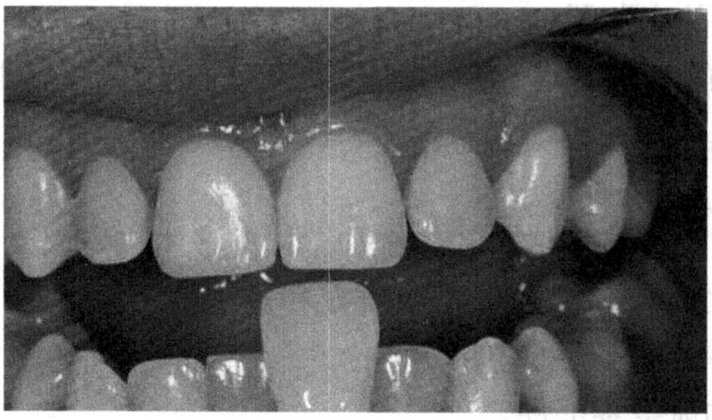

图 5-18　光固化树脂材料制作的牙齿

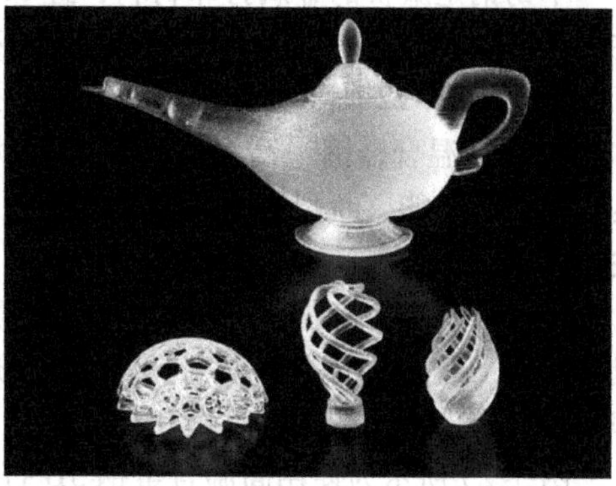

图 5-19　光固化树脂材料打印出来的物体

5. 高分子凝胶

高分子凝胶具有良好的智能性，如海藻酸钠、纤维素、动植物胶、蛋白胨、聚丙烯酸等高分子凝胶材料用于 3D 打印，在一定的温度及引发剂、交联剂的作用下进行聚合后，形成特殊的网状高分子凝胶制品。若受离子强度、温度、电场和化学物质变化时，凝胶的体积也会相应地变化，用于形状记忆材料；凝胶溶胀或收缩发生体积转变，用于传感材料；凝胶网孔的可控性，可用于智能药物释放材料。

图 5-20 所示海藻也可作为 3D 打印材料，图 5-21 所示为网状高分子凝胶制品——水凝胶降温贴。

图 5-20　海藻

图 5-21　水凝胶降温贴

5.1.2　金属材料

目前，大多数3D打印材料是塑料，而金属良好的力学强度和导电性使得研究人员对金属物品的打印极为感兴趣。

1. 钢铁材料

（1）不锈钢　不锈钢是不锈耐酸钢的简称。耐空气、蒸汽、水等弱腐蚀介质或具有不锈性的钢种称为不锈钢；而将耐化学腐蚀介质（酸、碱、盐等化学浸蚀）腐蚀的钢种称为耐酸钢。由于两者在化学成分上的差异使它们的耐蚀性不同，普通不锈钢一般不耐化学介质腐蚀，而耐酸钢一般均具有不锈性。

不锈钢是廉价的金属打印材料，经3D打印出的高强度不锈钢制品表面略显粗糙，且存在麻点。不锈钢具有各种不同的光面和磨砂面，常被用作珠宝、功能构件和小型雕刻品等的3D打印。图5-22所示为利用不锈钢材料打印的启瓶器。

（2）高温合金钢　高温合金钢具有优异的高温强度，良好的抗氧化和耐热腐蚀性能，良好的疲劳性能、断裂韧度等综合性能，已成为军民用燃气涡轮发动机热端部件不可替代的关键材料。

高温合金钢因其强度高、化学性质稳定、不易成形加工和传统加工工艺成本高等因素已成为航空工业应用的主要3D打印材料。随着3D打印技术的长期研究和进一步发展，3D打印的飞机零件因其加工工时短和成本优势已得到了广泛的应用。

图5-23所示为使用高温合金钢3D打印的航空零部件。

图 5-22　利用不锈钢材料打印的启瓶器

图 5-23　使用高温合金钢3D打印的航空零部件

2. 非铁金属材料

（1）钛　钛金属外观似钢，具有银灰光泽，是一种过渡金属。钛的强度大，密度小，硬度大，熔点高，耐蚀性很强；高纯度钛具有良好的可塑性，但当有杂质存在时变得脆而硬。采用3D打印技术制造的钛合金零部件，强度非常高，尺寸精确，能制作的最小尺寸可达1mm，而且其零部件力学性能优于锻造工艺。利用钛金属粉末已成功打印了叶轮和涡轮增压器等汽车零件。此外，钛金属粉末耗材在3D打印汽车、航空航天和国防工业上都将有很广阔的应用前景。

图5-24所示为利用钛金属粉末制作的涡轮泵。

（2）镁铝合金　镁铝合金因其质量轻、强度高的优越性能在制造业的轻量化需求中得到了大量应用，在3D打印技术中，它也毫不例外地成为各大制造商所中意的备选材料。

图5-25所示为利用镁铝合金打印的零部件，质量较轻。

图5-24　利用钛金属粉末制作的涡轮泵

图5-25　利用镁铝合金打印的零部件

（3）镓　镓主要用作液态金属合金的3D打印材料，如图5-26所示。它具有金属导电性，其黏度类似于水，不同于汞，镓既不含毒性，也不会蒸发。镓可用于柔性和伸缩性的电子产品，液态金属在可变形天线的软伸缩部件、软存储设备、超伸缩电线和软光学部件上已得到了应用。

（4）稀贵金属　3D打印的产品在时尚界的影响力越来越大。世界各地的珠宝设计师受益最大的就是将3D打印技术作为一种强大且可以方便替代其他制造方式的创意产业。在饰品3D打印材料领域，常用的有金、纯银、黄铜等。图5-27所示为3D打印的黄铜戒指。

图5-26　镓主要用作液态金属合金的3D打印材料

图5-27　3D打印的黄铜戒指

5.1.3 陶瓷材料

陶瓷材料具有高强度、高硬度、耐高温、低密度、化学稳定性好、耐腐蚀等优异特性，在航空航天、汽车、生物等行业有着广泛的应用。

硅酸铝陶瓷粉末能够用于3D打印陶瓷产品。3D打印的陶瓷制品不透水、耐热温度可达600℃，可回收、无毒，但其强度不高，可作为理想的炊具、餐具（杯、碗、盘子、和杯垫）和烛台、瓷砖、花瓶、艺术品等家居装饰材料。图5-28所示为3D打印的陶瓷工艺品。

图5-28 3D打印的陶瓷工艺品

5.1.4 复合材料

美国硅谷Arevo实验室3D打印出了高强度碳纤维增强复合材料。相比于传统的挤出或注射成形方法，3D打印时通过精确控制碳纤维的取向，优化特定力学性能和热性能，能够严格设定其综合性能。由于3D打印的复合材料零件一次只能制造一层，每一层可以实现任何所需的纤维取向。结合增强聚合物材料打印的复杂形状零部件具有出色的耐高温和抗化学性能。图5-29所示为使用复合材料制作的3D打印仿生肌电假手。

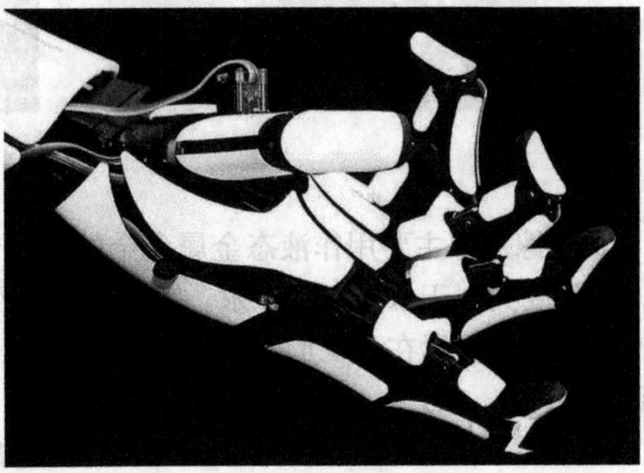

图5-29 使用复合材料制作的3D打印仿生肌电假手

5.2 不同3D打印类型中材料的选择

根据3D打印成形技术的不同，3D打印材料种类也不尽相同，表5-2为不同的成形技术使用的3D打印材料。

表5-2 不同成形技术使用的3D打印材料

类　型	成形技术	打印材料	代表公司
挤出成形	熔融层积（FDM）	热塑性塑料、共融金属、可食用材料	Stratasys（美国）

（续）

类　型	成形技术	打印材料	代表公司
粒状物料成形	直接金属激光烧结（DMLS）	金属合金	EOS（德国）
	电子束熔炼（EBM）	钛合金	ARCAM（瑞典）
	选择性激光烧结（SLS）	热塑性粉末、金属粉末、陶瓷粉末	3D Systems（美国）
	选择性热烧结（SHS）	热塑性粉末	Blueprinter（丹麦）
	基于粉末床、喷头和石膏的三维打印（PP）	石膏	3D Systems（美国）
光聚合成形	光固化成形（SLA）	光敏聚合物	3D Systems（美国）
	数字光处理（DLP）	液态树脂	EnvisionTec（德国）
	聚合体喷射（PI）	光敏聚合物	Objet（以色列）
层压形	层压板制造（LOM）	纸、塑料薄膜、金属箔	CubicTec（美国）

3D 打印技术真正的优势在于其打印材料，3D 打印材料是 3D 打印技术发展的重要物质基础，在某种程度上，材料的发展决定着 3D 打印能否有更广泛的应用。只有进行更多新材料的开发才能拓展 3D 打印技术的应用领域。

下　篇

3D打印基础训练

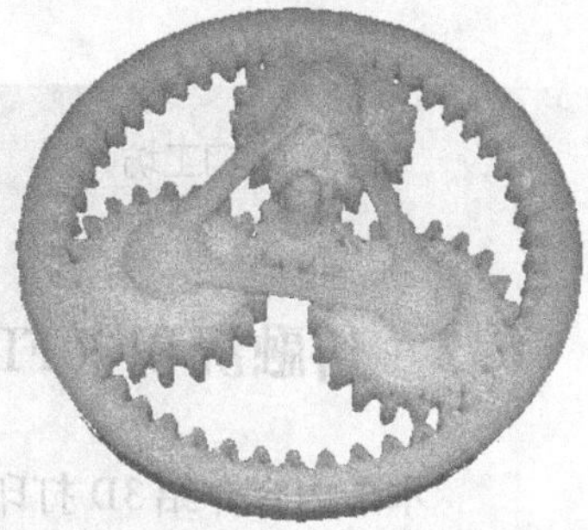

第6章

熔融沉积（FDM）3D打印机

6.1　熔融沉积（FDM）3D 打印机的结构组成

熔融沉积（FDM）3D 打印机一般包括硬件系统、软件系统和供料系统。硬件系统由两部分组成，一部分控制机械运动承载、加工，另一部分控制电气运动和温度。

6.1.1　机械系统

机械系统包括运动、喷头、成形室、材料室、控制室和电源室等单元。机械系统采用模块化设计，各个单元互相独立。如运动单元完成扫描和升降动作，而且整机运动精度仅取决于运动单元的精度，与其他单元无关。因此，每个单元可以根据其功能需求，采用不同的设计。运动单元和喷头单元对精度要求较高，其部件的选用及零件的加工都要特别考虑。电源室和控制室加装了屏蔽设施，具有抗干扰功能。

基于 PC 总线的运动控制卡能实现直线、圆弧插补和多轴联动。PC 总线的喷头控制卡用于完成喷头的出丝控制，具有超前于滞后动作的补偿功能。喷头控制卡与运动控制卡能够协同工作，通过运动控制卡的协同信号控制喷头的启停和转向。

6.1.2　软件系统

软件系统包括几何建模和信息处理两部分。几何建模单元是由设计人员借助于 CAD 软件构造产品的实体模型或者由三维测量仪（CT、MRI 等）获取的数据重构产品的实体模型；最后以 STL 格式输出原型的几何信息。

信息处理单元由 STL 文件处理、工艺处理、数控、图形显示等模块组成，分别完成 STL 文件错误数据的检验与修复、生成层片文件、计算填充线、生成数控代码和对成形机的控制。其中，工艺处理模块根据 STL 文件判断成形过程是否需要支撑，如需要则进行支撑结构设计与计算，并以 CLI 格式输出产生分层文件。

6.1.3　供料系统

FDM 3D 打印系统要求成形材料及支撑材料为 ϕ2mm 的丝材，并且凝固收缩率较低，具有陡的黏度曲线和一定的强度、硬度、柔韧性。一般的塑料、蜡等热塑性材料经过适当改性后都可以使用。目前已经成功开发了多种颜色的精密铸造用蜡丝、ABS 塑料丝等。

6.2 熔融沉积（FDM）3D 打印机的组装与调试

本节内容介绍 3D 打印机 Prusa i3 的 DIY 组装全过程。Prusa i3 是开源 RepRap 3D 打印机 Prusa Mendel 的第三代机型。相对于 Mendel 一代和二代的版本，第三代的结构更简洁，造型更趋向于产品化。这款机型相对于老款 i2 在挤出机和框架结构上都进行了升级，打印尺寸和成形效果都有很大的提高。图 6-1 所示为 Prusa i3 3D 打印机组装完成的外形。

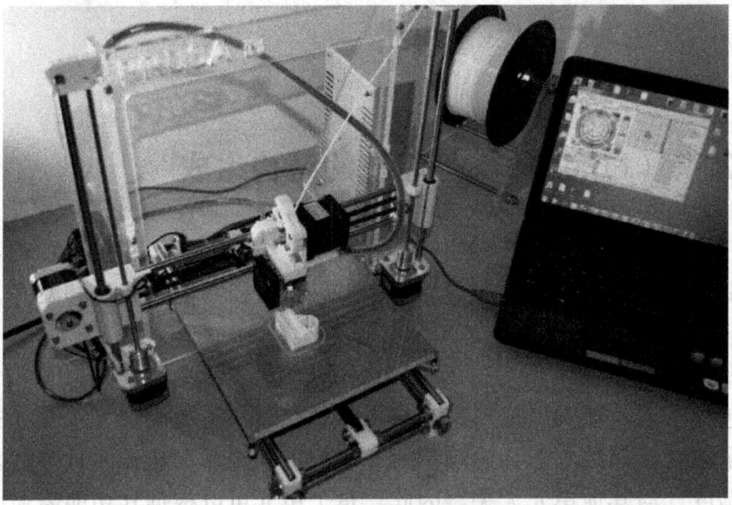

图 6-1　Prusa i3 3D 打印机

6.2.1　熔融沉积（FDM）3D 打印机的组装材料

熔融沉积（FDM）3D 打印机的组装材料包括亚克力件、塑料件、电子元器件和五金件 4 部分。其组装的具体材料名称和数量见表 6-1，图 6-2 ~ 图 6-5 所示的是 FDM 3D 打印机（Prusa i3 DIY 系列）所用的亚克力件、塑料件、电子元器件和五金件。

表 6-1　FDM 3D 打印机（Prusa i3 DIY 系列）的组装材料

材料类型	亚克力件	塑料件	电子元器件	五金件
材料名称与数量	亚克力件 ×1 套	塑料件 ×1 套	Arduino 2560 ×1 个 RAMPS1.4 ×1 个 A4988 驱动模块 ×4 个 42 系列步进电动机 ×5 台（2 长 3 短） 升级版 J-head ×1 个 MK3 加热床 ×1 台 轻触开关 ×3 个 4cm 风扇 ×1 个 开关电源 ×1 个（12V ×30A） 导线若干	2GT 同步轮 ×2 个 2GT 同步带 ×2 个 5mm ×5mm 弹性联轴器 ×2 个 直线轴承 ×10 个 NSK 605ZZ 轴承 ×3 个 U 形导轮 ×1 个 进料齿轮 ×1 个 压力弹簧 ×5 个（4 小 1 大） 同步带锁紧弹簧 ×2 个 螺杆 ×1 套 滑杆导轨 ×1 套 螺母、垫片、螺钉 ×1 套

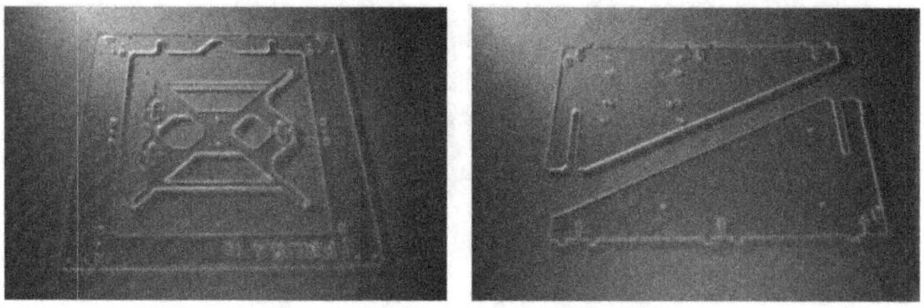

图 6-2　亚克力件

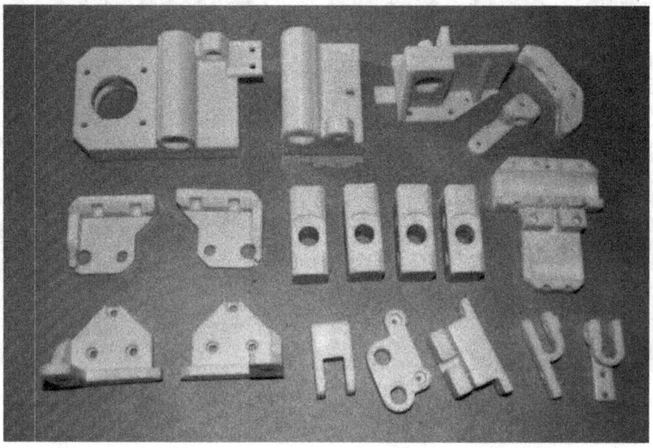

图 6-3　FDM 3D 打印机（Prusa i3 DIY 系列）所用塑料件

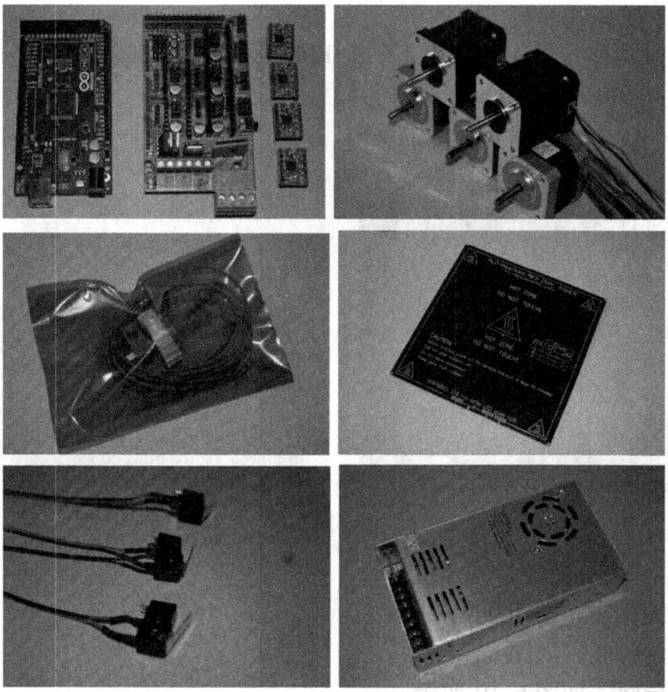

图 6-4　FDM 3D 打印机（Prusa i3 DIY 系列）所用电子元器件

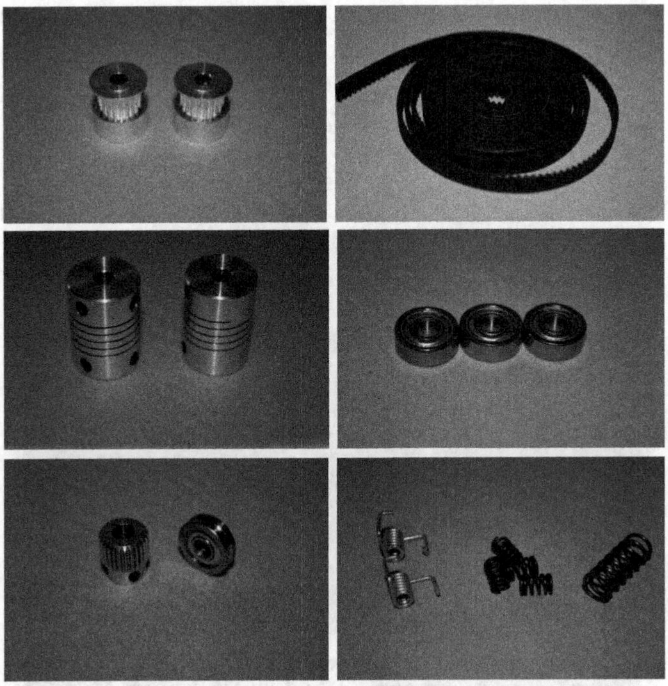

图 6-5　FDM 3D 打印机（Prusa i3 DIY 系列）所用五金件

6.2.2　熔融沉积（FDM）3D 打印机的组装流程

1. Y 轴底盘组装

1）先组装 Y 轴同步带导轮，需用 2 个 NSK 605ZZ 轴承，M5 ~ M25mm 螺钉，M5 螺母和垫片各 1 个，如图 6-6 所示。

2）再安装前侧脚座，如图 6-7 所示。

图 6-6　Y 轴同步带导轮

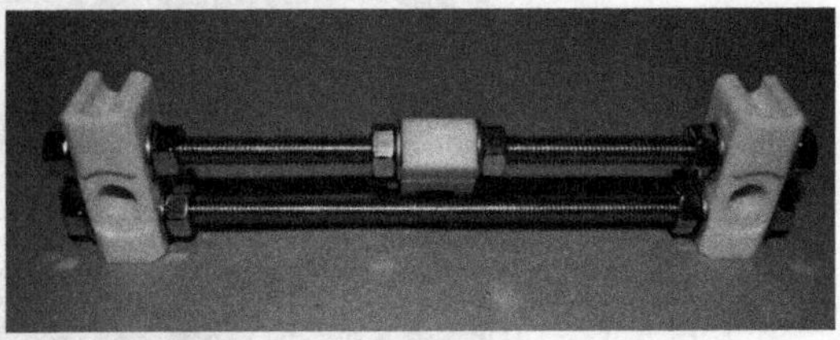

图 6-7　安装前侧脚座

3）安装后一侧脚座，如图 6-8 所示。

4）连接前后侧脚座，如图 6-9 所示。

5）安装滑杆导轨，如图 6-10 所示。

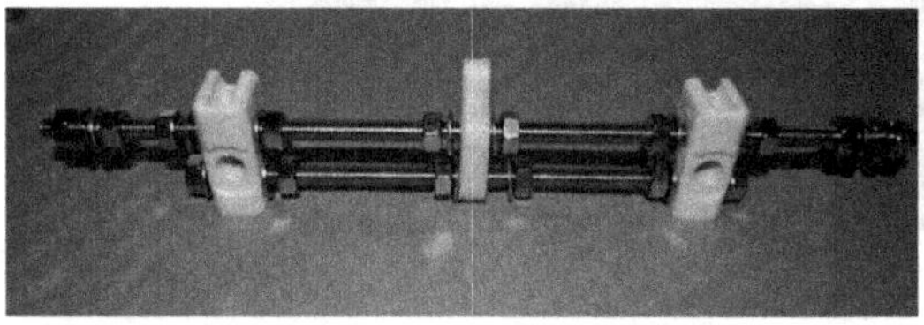

图 6-8　安装后一侧脚座

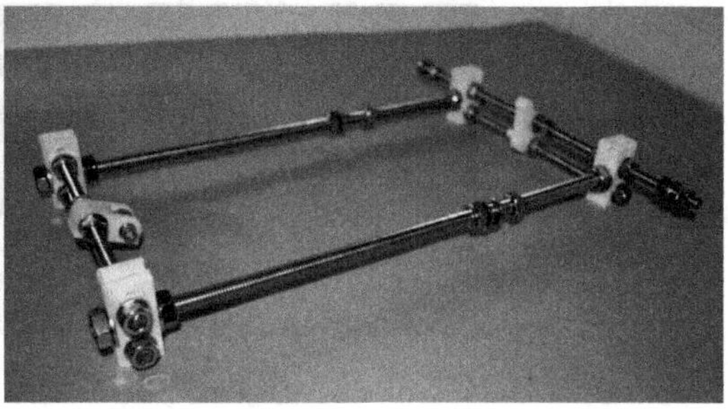

图 6-9　连接前后侧脚座

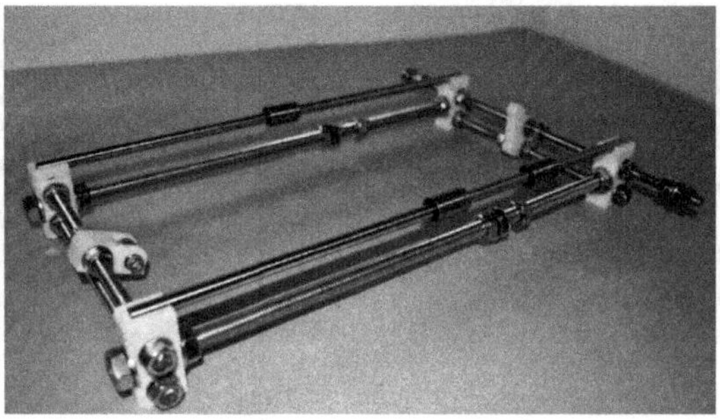

图 6-10　滑杆导轨

2. 安装加热床底板

1）安装 y-belt-holder 件到亚克力底板上，使用 M3 自锁紧螺母，如图 6-11 所示。

2）用扎线带固定底板到 Y 轴滑杆导轨，如图 6-12 所示。

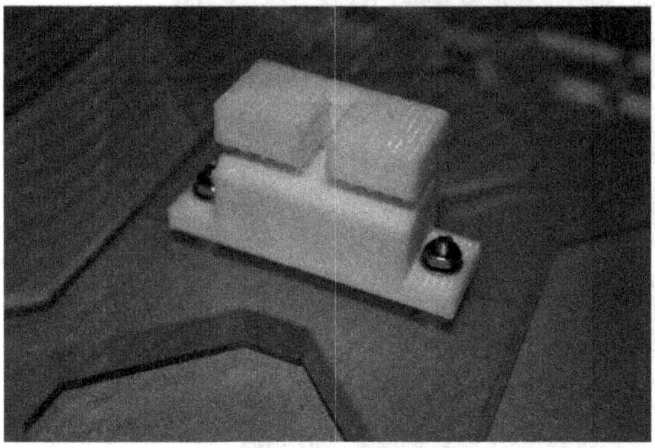

图 6-11　y-belt-holder 件

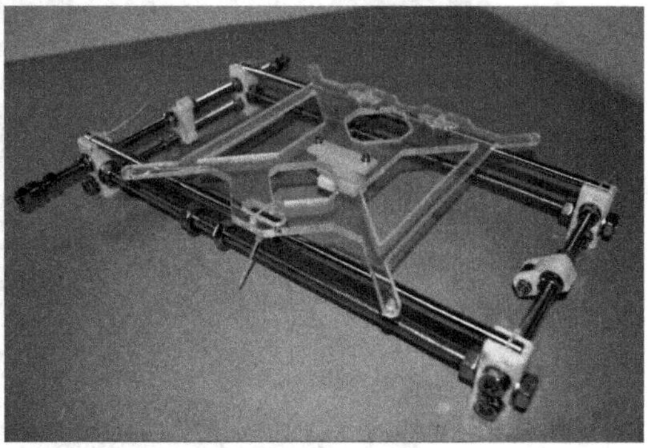

图 6-12　固定底板

3. X 轴组装

1）将 LM8UU 件塞入到 x-end 塑料件中，如图 6-13 所示。

2）在 x-end 塑料件中加入 M5 螺母，如图 6-14 所示。

3）装入滑杆导轨，拼装 X 轴同步带导轮轴承，如图 6-15 所示。

4）如图 6-16 所示安装 x-carriage 件。

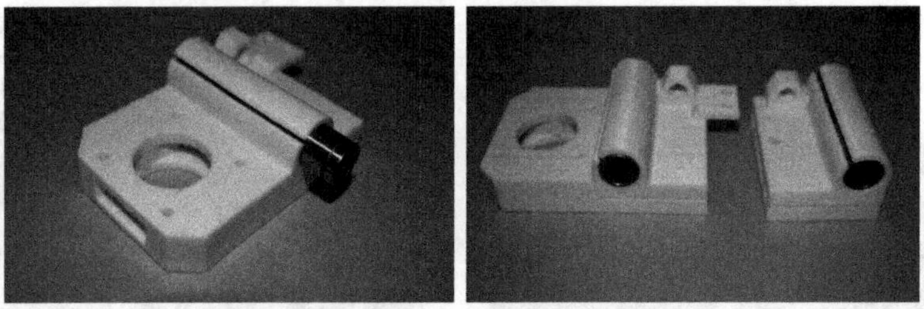

图 6-13　将 LM8UU 件塞入到 x-end 塑料件中

图 6-14　在 x-end 塑料件中加入 M5 螺母

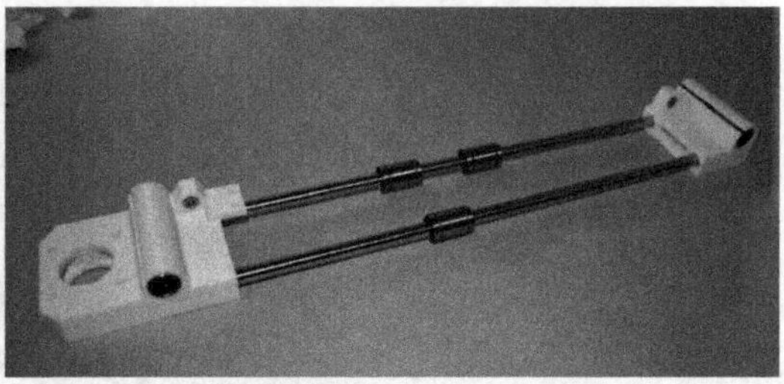

图 6-15　装入滑杆导轨和 X 轴同步带导轮轴承

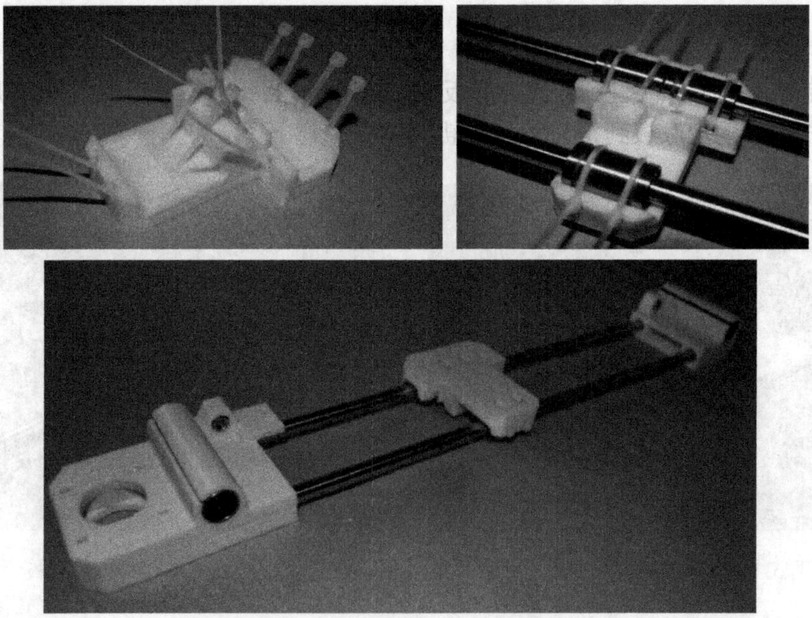

图 6-16　安装 x-carriage 件

4. 安装亚克力框架

安装框架板和侧板，如图 6-17 所示。

5. 连接 X、Y、Z 各轴

1）连接 Y 轴底座和亚克力框架，如图 6-18 所示。

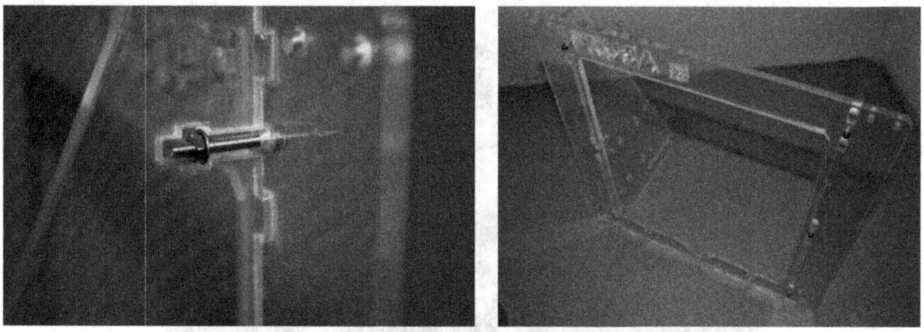

图 6-17　安装框架板和侧板

2）固定 Z 轴电动机，并安装 Z 轴滑杆导轨，然后驱动螺杆，如图 6-19 所示。

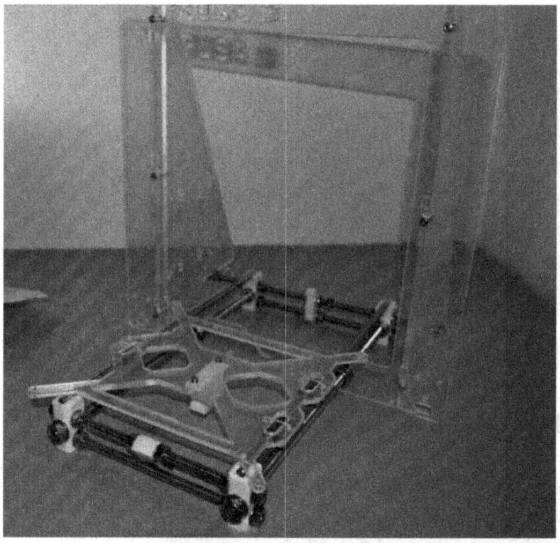

图 6-18　Y 轴底座和亚克力框架的连接

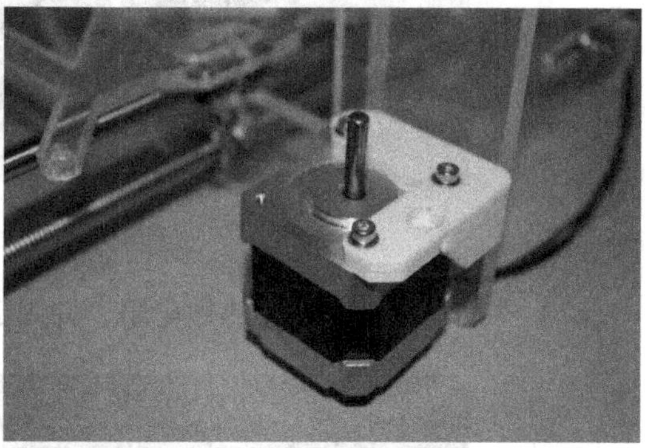

图 6-19　安装 Z 轴电动机和 Z 轴滑杆导轨

3）安装 X、Y 轴电动机，如图 6-20 所示。

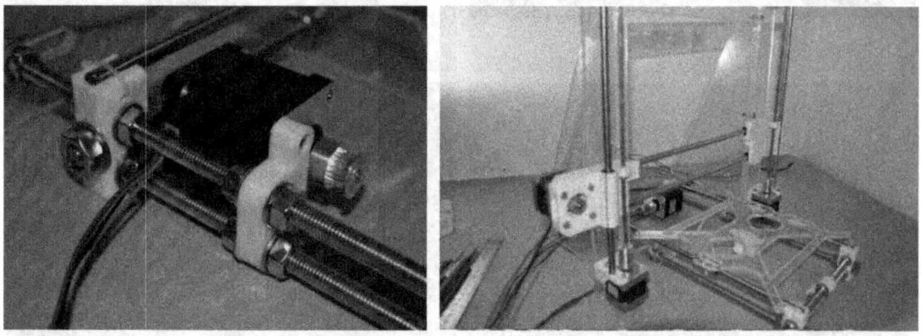

图 6-20　安装 X、Y 轴电动机

4）安装 X、Y 轴同步带，如图 6-21 所示。

6. 安装加热床

1）焊接加热床导线和指示 LED 灯，并贴上高温胶带，如图 6-22 所示。

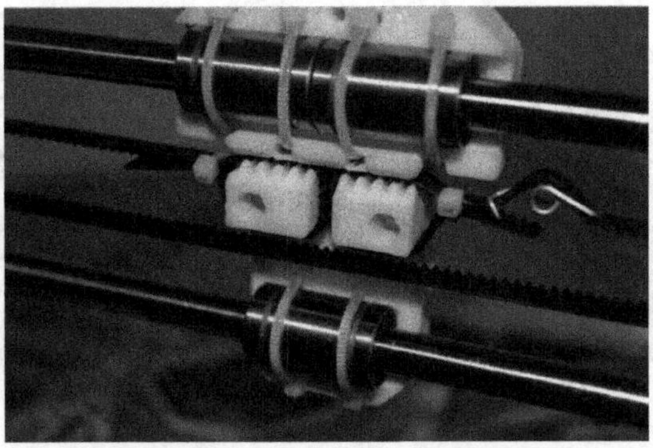

图 6-21　安装 X、Y 轴同步带

图 6-22　焊接加热床导线和指示 LED 灯、贴上高温胶带

2）在加热床正面贴上热敏电阻，并固定加热床到 Y 轴底座，如图 6-23 所示。

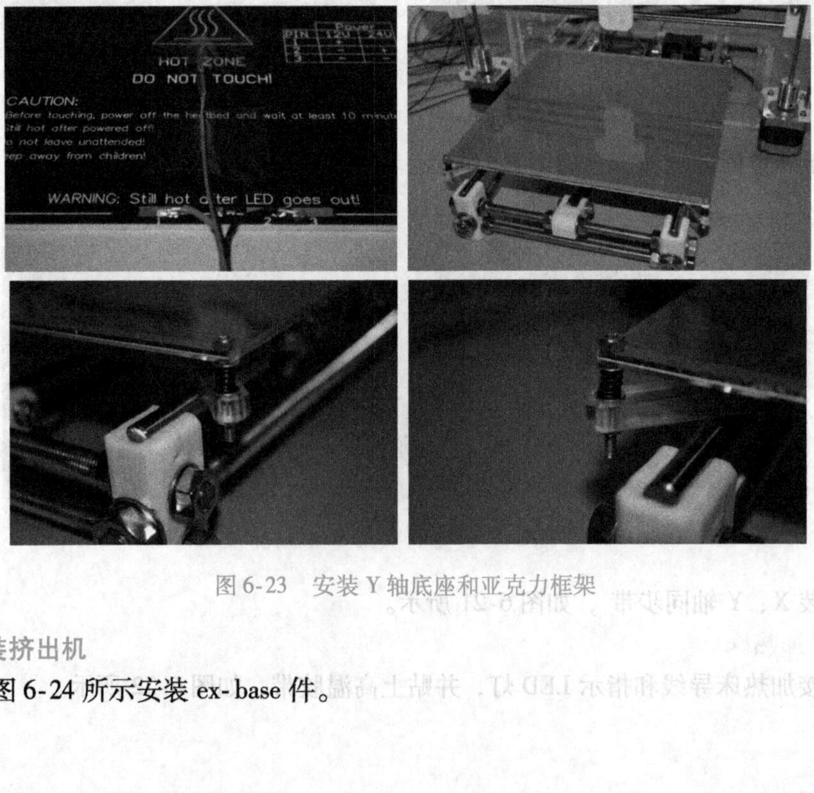

图 6-23　安装 Y 轴底座和亚克力框架

7. 安装挤出机

1）如图 6-24 所示安装 ex-base 件。

2）安装挤出喷嘴，如图 6-25 所示。

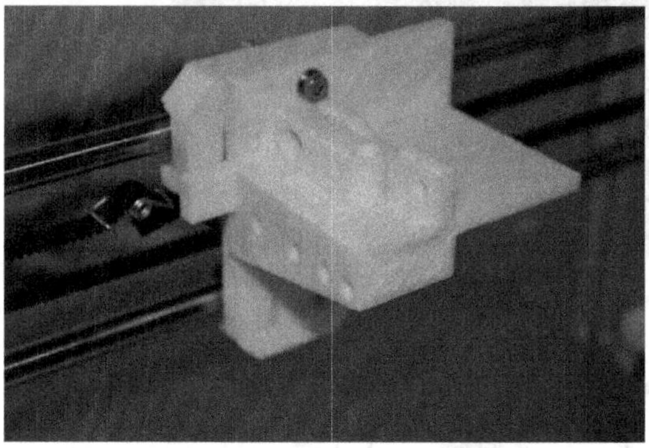

图 6-24 安装 ex-base 件

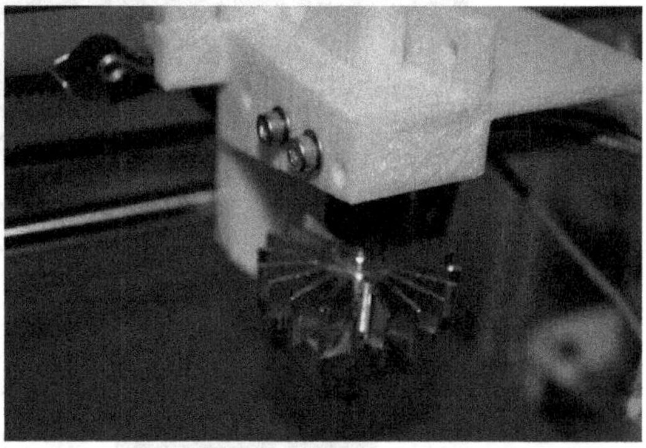

图 6-25 安装挤出喷嘴

3）安装散热风扇，风扇的接线和挤出机加热线接一起，如图 6-26 所示。

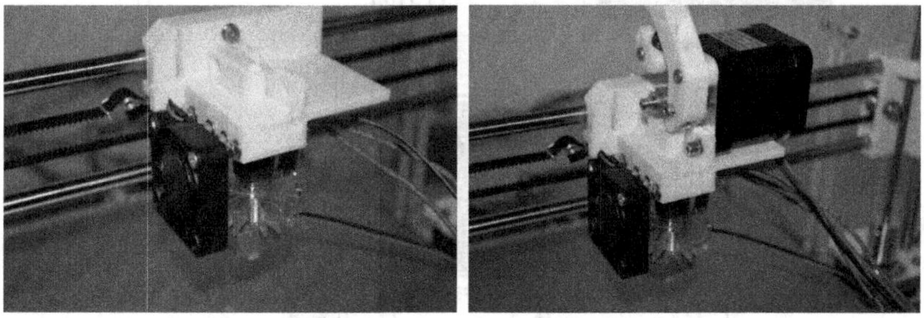

图 6-26 安装散热风扇

8. end-stop 件轻触开关安装

1）如图 6-27 所示，固定轻触开关到 end-stop 件。

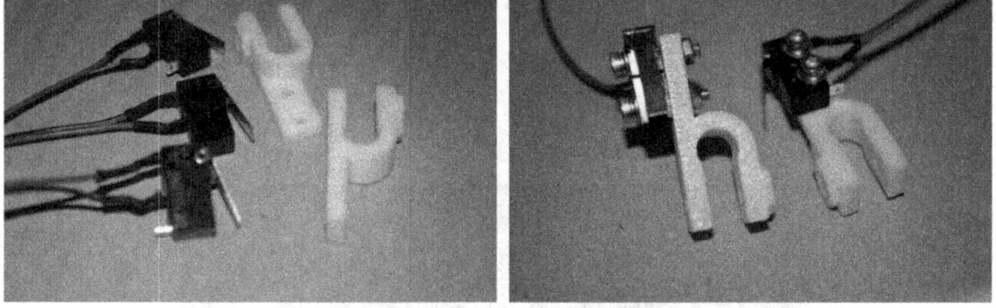

图 6-27 固定轻触开关到 end-stop 件

2）安装 end-stop 件到打印机，如图 6-28 所示。

9. 连接电路

1）连接电路，RAMPS 电路图如图 6-29 所示。

2）开关电源接线，黄线、蓝线、棕线分别为 220V 地线、220V 相线、零线。两组红黑线为开关电源 12V 输出，如图 6-30 所示。

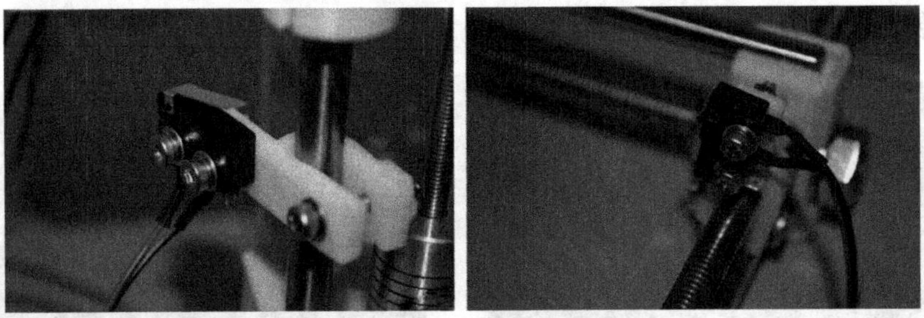

图 6-28　安装 end-stop 件到打印机

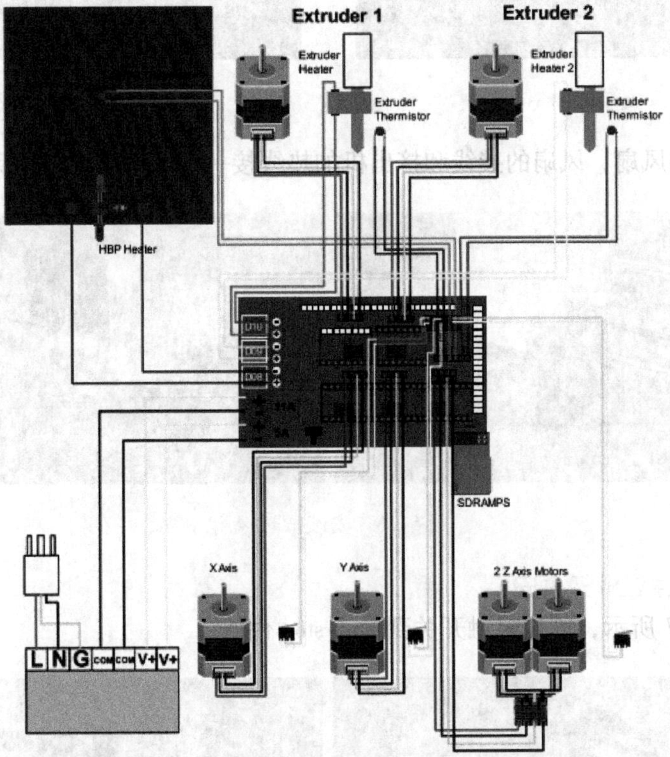

图 6-29　RAMPS 电路图

图 6-30　开关电源接线

3）将控制板和开关电源固定到打印机，如图6-31所示。

图6-31　将控制板和开关电源固定到打印机

4）对照RAMPS电路图完成所有电路连接，如图6-32所示。

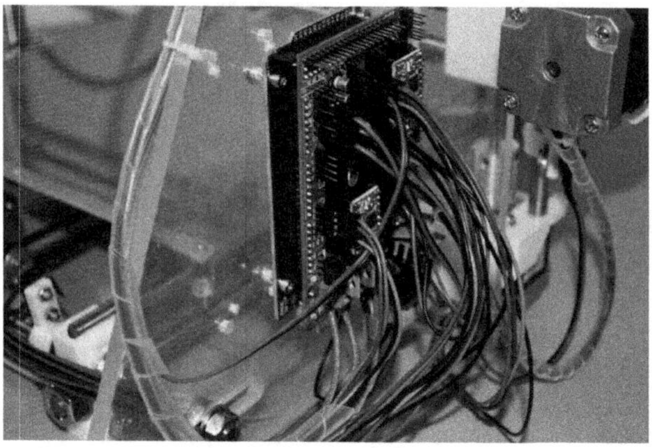

图6-32　完成所有电路连接

至此，Prusa i3 3D打印机的组装已完成。

6.3　熔融沉积（FDM）3D打印机打印测试

图6-33所示是使用组装好的Prusa i3 3D打印机在打印手机外壳套的过程图，层高设置为0.2mm，费时一个多小时。打印好的手机外壳套如图6-34所示。

图6-33　Prusa i3 3D打印机在打印手机外壳套过程图

图6-34 使用Prusa i3 3D打印机打印的手机外壳套

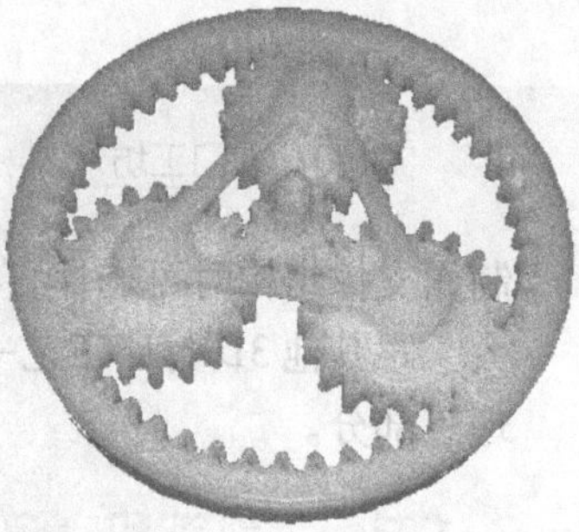

第7章

工艺茶杯熔融沉积（FDM）3D打印成形

7.1 熔融沉积（FDM）3D 打印技术

7.1.1 熔融沉积（FDM）3D 打印原理

熔融沉积3D 打印系统（简称 FDM）又称丝状材料选择性熔覆成形系统，1988 年由美国学者 Dr. Scott Crump 研制成功，并由美国 Stratasys 公司商品化。

如图 7-1 所示，加热喷头在计算机的控制下，可根据截面轮廓的信息在 X-Y 平面和高度 Z 方向运动。丝状热塑性材料（如 ABS 及 MABS 塑料丝、蜡丝、聚烯烃树脂、尼龙丝、聚酰胺丝等）由供丝机构送至喷头，并在喷头中加热至熔融状态，然后被选择性地涂覆在工作台上，快速冷却后形成截面轮廓。一层截面完成后，喷头上升一截面层的高度，再进行下一层的涂覆。如此循环，最终形成三维产品。

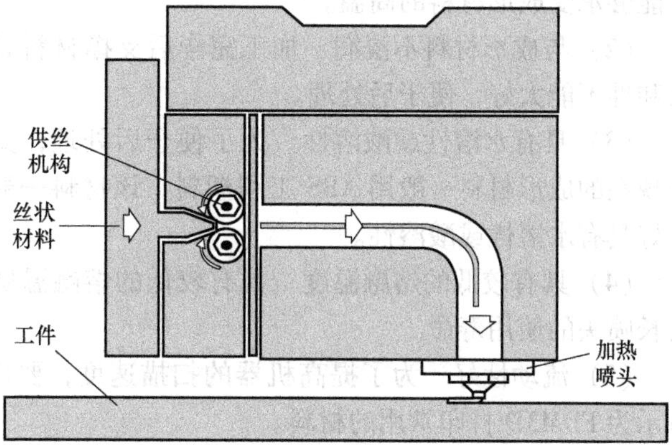

图 7-1 熔融沉积 3D 打印原理

将实心丝状材料缠绕在供料辊上，由电动机驱动辊子旋转，辊子和丝状材料之间的摩擦力使丝状材料向喷头的出口送进。在供料辊和喷头之间有一导向套，导向套采用低摩擦材料制成，以便丝状材料能顺利、准确地由供料辊送到喷头的内腔（最大送料速度为 10 ~ 25mm/s，推荐速度为 5 ~ 18mm/s）。喷头的前端有电阻式加热器，在其作用下，丝状材料被加热熔融，然后通过出口涂覆至工作台上，并在冷却后形成截面轮廓。由于受结构的限制，加热器的功率不可能太大，因此，丝状材料熔融沉积的层厚随喷头的运动速度而变化，通常最大层厚为 0. 15 ~ 0. 25mm。

丝状材料选择性熔覆成形工艺在原型制作时需要同时制作支撑结构，为节省材料成本和提高制作效率，新型的 FDM 设备采用双喷头，一个喷头用于成形原型零件，另一个喷头用于成形支撑结构。选择精细丝状材料成形原型零件的成形精度比较高，但成本高、效率低。

制作支撑结构时可选择直径较大的丝状材料，这样可提高制作速度，降低成本。

跟其他3D打印工艺一样，FDM 3D打印的工艺过程一般分为前处理、原型制作和后处理三部分。

7.1.2 熔融沉积（FDM）3D打印的材料

FDM 3D打印系统使用的材料可分为成形材料和支撑材料。

1. FDM工艺对成形材料的要求

（1）材料的黏度低　材料的黏度低，流动性好，阻力就小，有助于材料顺利挤出。

（2）材料的熔融温度低　熔融温度低可以使材料在较低温度下挤出，有利于延长喷头和整个机械系统的寿命，可以减少材料在挤出前后的温差，减少热应力，从而提高原型的精度。

（3）粘结性好　FDM成形是分层制造的，层与层之间是连接最薄弱的地方，如果粘结性过低，会因热应力造成层与层之间开裂。

（4）材料的收缩率对温度不能太敏感　材料的收缩率如果对温度太敏感会引起零件尺寸超差，甚至翘曲、开裂。

2. FDM工艺对支撑材料的要求

（1）能承受一定的高温　由于支撑材料与成形材料在支撑面上接触，所以支撑材料必须能够承受成形材料的高温。

（2）与成形材料不浸润　加工完毕后支撑材料必须去除，所以支撑材料与成形材料的亲和性不能太好，便于后处理。

（3）具有水溶性或酸溶性　为了便于后处理，支撑材料最好能溶解在某种液体中。由于现在的成形材料一般用ABS工程塑料，该材料一般能溶解在有机溶剂中，所以支撑材料最好具有水溶性或酸溶性。

（4）具有较低的熔融温度　具有较低的熔融温度可以使材料在较低的温度挤出，从而延长喷头的使用寿命。

（5）流动性好　为了提高机器的扫描速度，要求支撑材料具有很好的流动性。表7-1所示为FDM3D打印常用的材料。

表7-1　FDM 3D打印常用的材料

材　料	适用的设备系统	可供选择的颜色	备　注
ABS丙烯晴丁二烯苯乙烯	FDM1650、FDM2000、FDM8000、FDMquantum	白、黑、红、绿、蓝	耐用的无毒塑料
ABSi医学专用ABS	FDM1650、FDM2000	黑、白	被食品及药物管理局认可的、耐用且无毒的塑料
E20	FDM1650、FDM2000	所有颜色	人造橡胶塑料、与封铅、水龙头和软管等使用的类似材料
ICW06熔模铸造用蜡	FDM1650、FDM2000		
可机加工蜡	FDM1650、FDM2000		
造型材料	Genisys Modeler		高强度聚酯化合物

7.2　工艺茶杯熔融沉积（FDM）3D 打印前处理

7.2.1　基于 Pro/ENGINEER 软件的工艺茶杯模型建立

使用 Pro/ENGINEER 软件进行工艺茶杯的正向建模，主要操作步骤如下：

1. 建立杯体特征

单击菜单栏“插入/旋转...”命令，设置草绘平面，选取合适的参照，进入二维草绘模式绘制旋转剖面图，如图 7-2 所示。生成的茶杯杯身旋转薄板特征如图 7-3 所示。

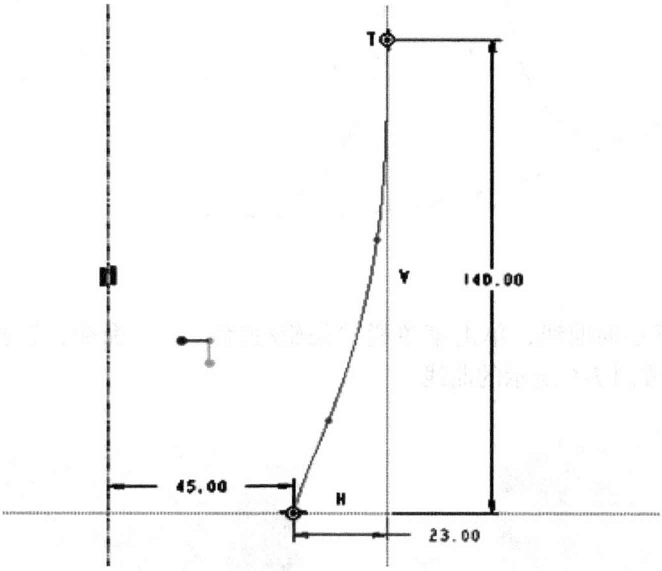

图 7-2　旋转剖面图

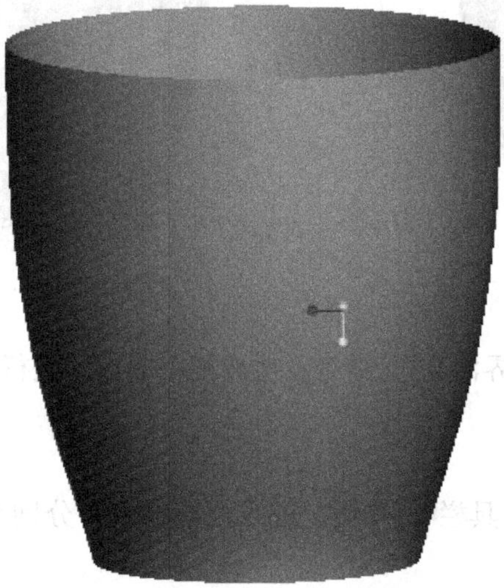

图 7-3　茶杯杯身旋转薄板特征

2. 建立把手特征

下面绘制把手，单击工具栏按钮，进入草绘模式，分别绘制如图 7-4 和图 7-5 所示的曲线。

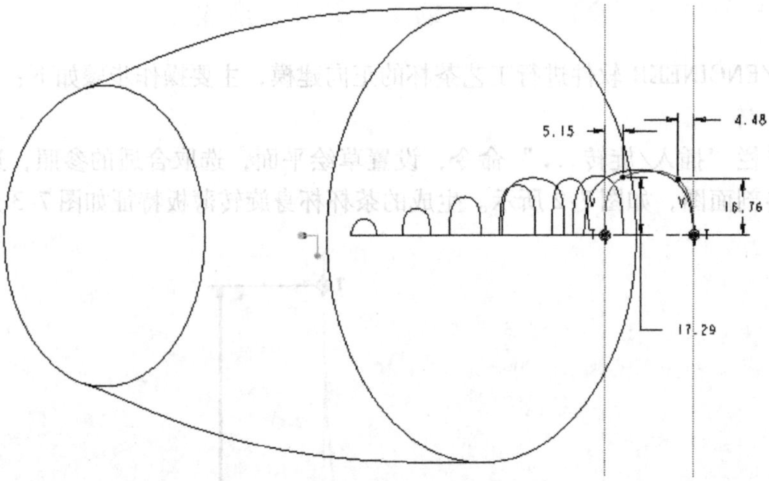

图 7-4 二维草绘的曲线

选取图 7-4 所示的曲线，单击菜单栏“编辑/镜像...”命令，选择镜像平面，进行“镜像”操作，生成图 7-6 所示的曲线。

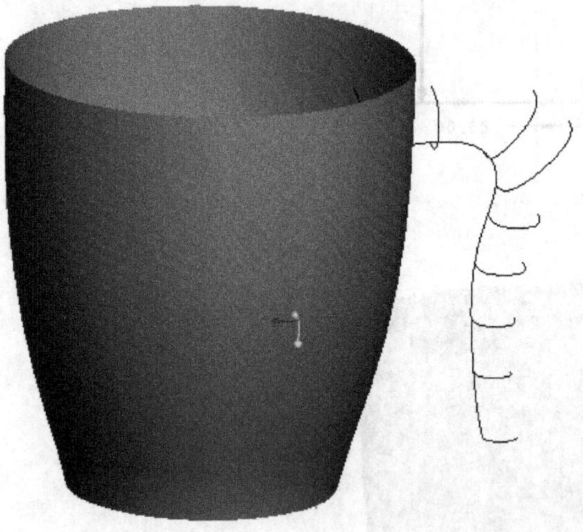

图 7-5 生成的曲线

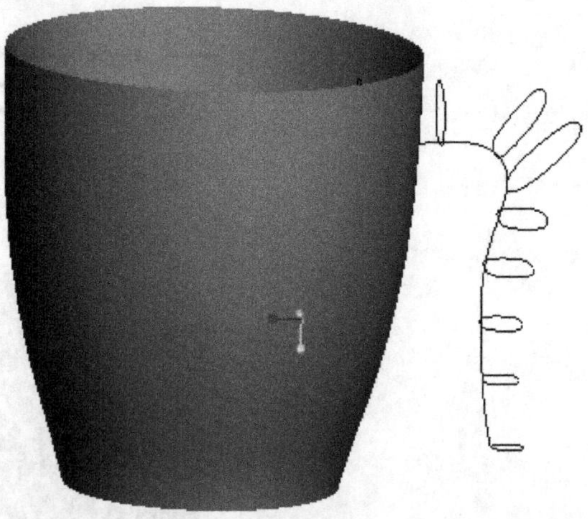

图 7-6 镜像后的曲线

单击菜单栏“插入/边界混合”命令，生成把手曲面，进行“合并”操作，生成图 7-7 所示的把手曲面。

3. 建立杯嘴特征

下面绘制杯嘴。单击工具栏按钮，进入草绘模式，分别绘制如图 7-8 和图 7-9 所示的曲线。

单击菜单栏“插入/边界混合...”命令，初步生成杯嘴曲面，如图 7-10 所示。

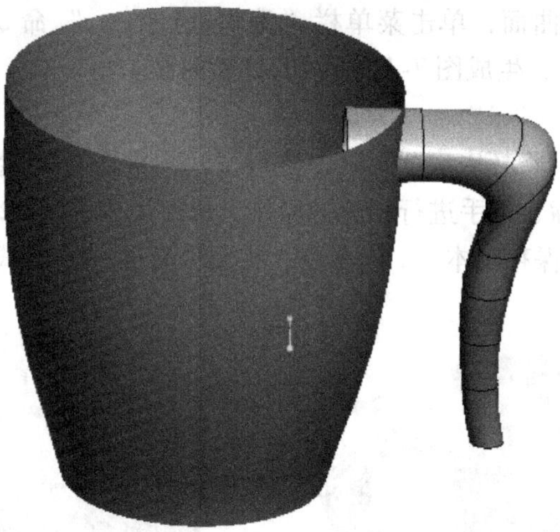

图 7-7　把手曲面

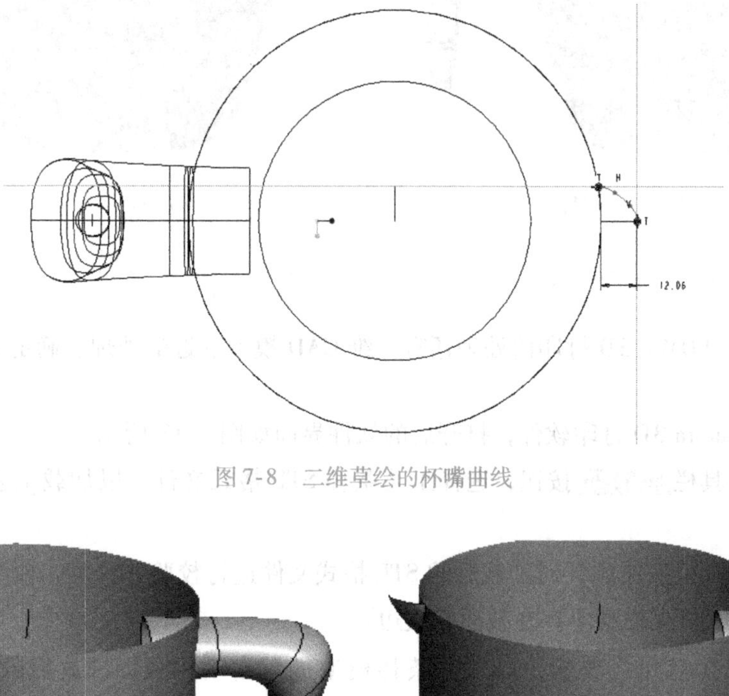

图 7-8　二维草绘的杯嘴曲线

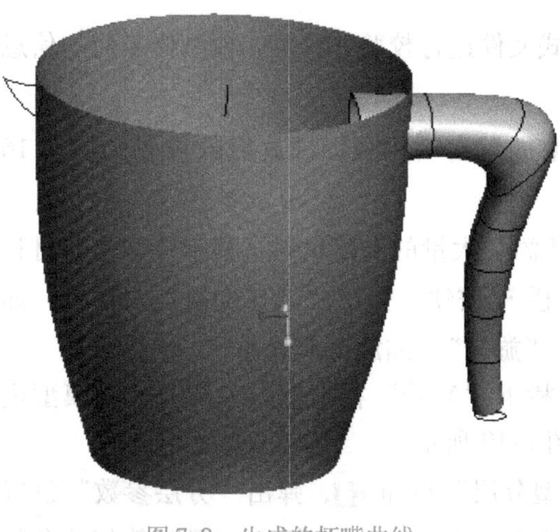

图 7-9　生成的杯嘴曲线

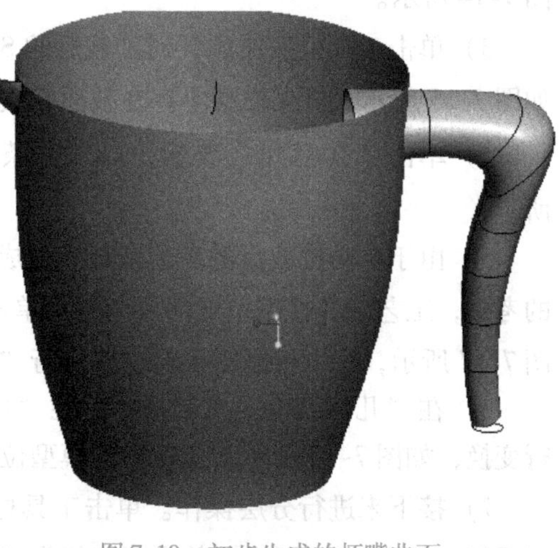

图 7-10　初步生成的杯嘴曲面

选取图 7-10 所示的曲面，单击菜单栏“编辑/镜像...”命令，选择镜像平面，进行“镜像”→“合并”等操作，生成图 7-11 所示的杯嘴曲面。

4. 生成工艺茶杯实体并保存

进行“拉伸”操作，将杯底底面封闭，进行“边界混合”→“合并”→“实体化”→“倒圆角”等相应操作，对杯嘴、把手进行相应的操作，最终生成图 7-12 所示的茶杯实体。

单击菜单栏“文件/保存副本...”命令，将文件转成 STL 格式。

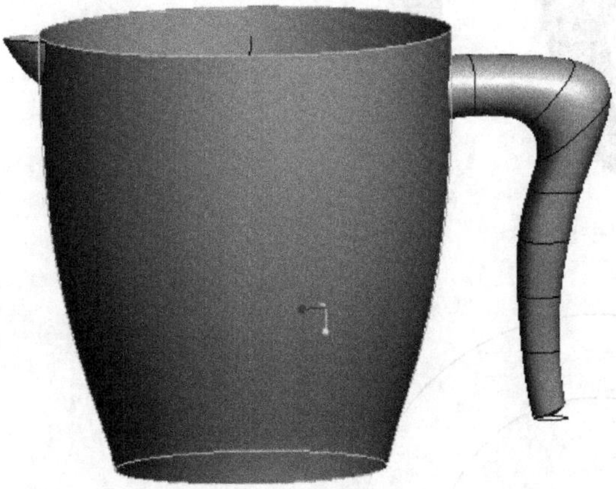

图 7-11　杯嘴曲面

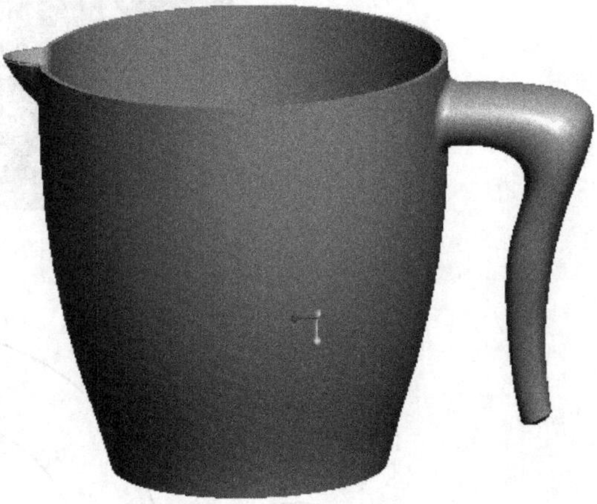

图 7-12　工艺茶杯实体

7.2.2　工艺茶杯熔融沉积（FDM）3D 打印其他前处理环节

熔融沉积（FDM）3D 打印前处理还有三维 CAD 模型的近似处理、确定成形方向、切片分层等环节。

1）打开 Aurora 3D 打印软件，打开后的软件界面如图 7-13 所示。

2）单击工具栏按钮，选择工艺茶杯 STL 格式文件，以加载工艺茶杯模型，如图 7-14 所示。

3）单击工具栏按钮，对加载后的 STL 格式文件进行校验并修复，模型修复后的信息如图 7-15 所示，可见模型不存在破面或破边。

4）单击工具栏按钮，对工艺茶杯模型进行自动排放，排放后的位置如图 7-16 所示。

5）由于自动排放后的工艺茶杯模型成形需要添加大量的支撑材料，基于节省支撑材料的考虑，工艺茶杯模型位置需要调整。单击工具栏按钮，弹出“几何变换”对话框，如图 7-17 所示，可以根据需要对模型进行“移动”“旋转”“缩放”等操作。

6）在“几何变换”对话框中，在“旋转”栏下“Y 轴”栏内输入“180”，将模型进行变换，如图 7-18 所示，变换后的模型位置如图 7-19 所示。

7）接下来进行分层操作。单击工具栏“模型分层”按钮，弹出“分层参数”设置对话框，如图 7-20 所示；单击“高级设定”按钮后，可以对“层厚”“支撑”等相关参数

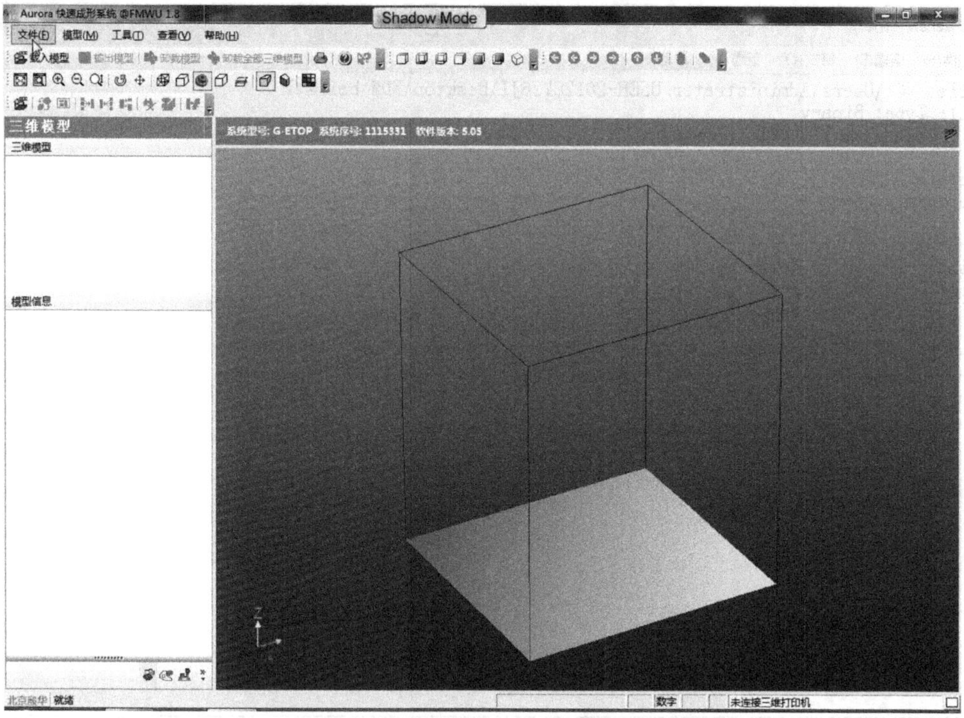

图 7-13　Aurora 软件界面

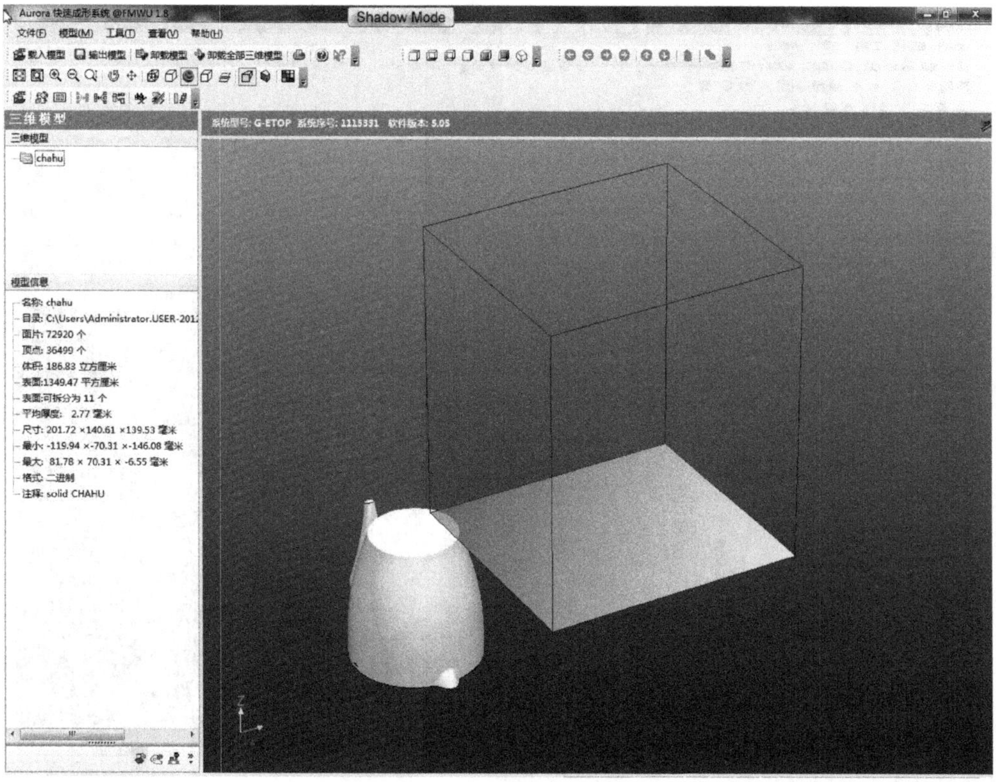

图 7-14　加载工艺茶杯模型

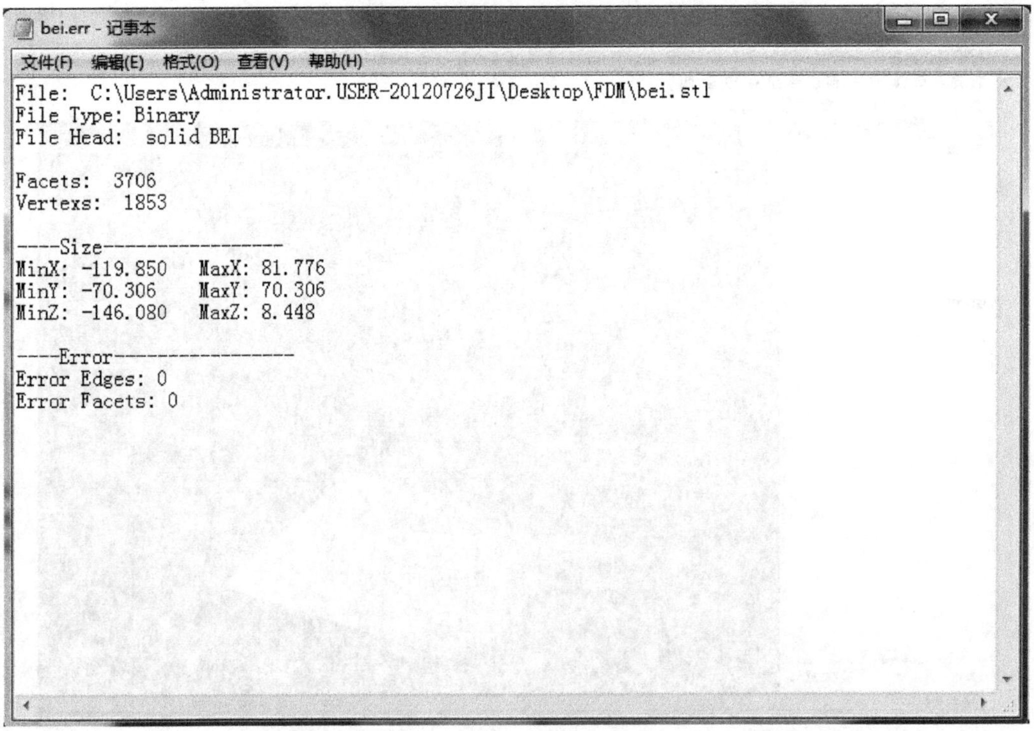

图 7-15 修复后的工艺茶杯模型

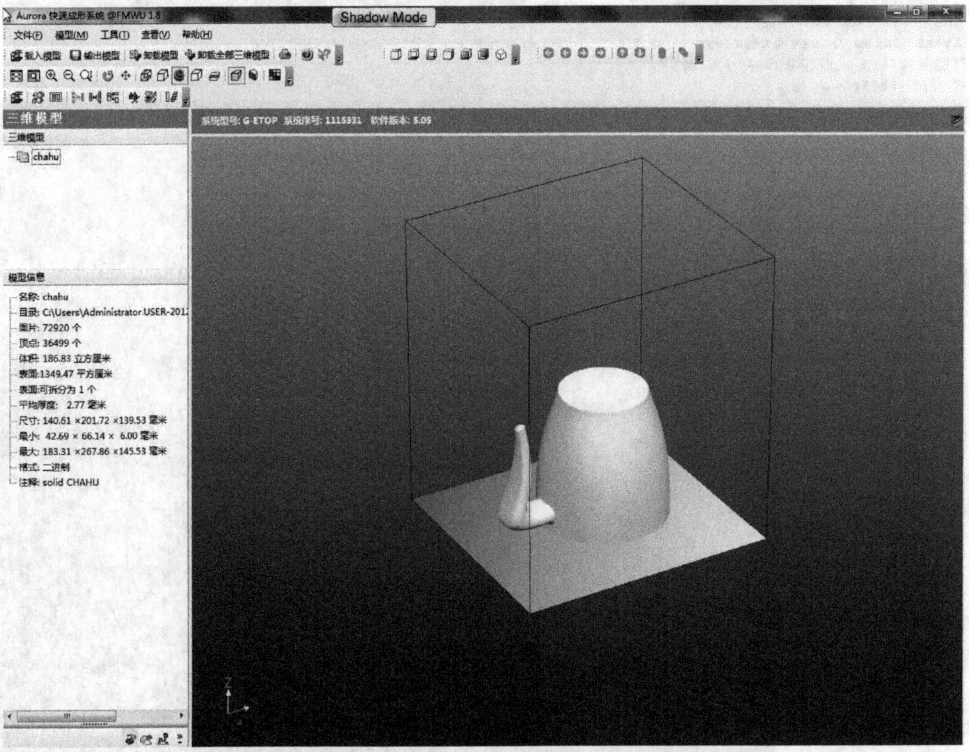

图 7-16 自动排放后的工艺茶杯模型

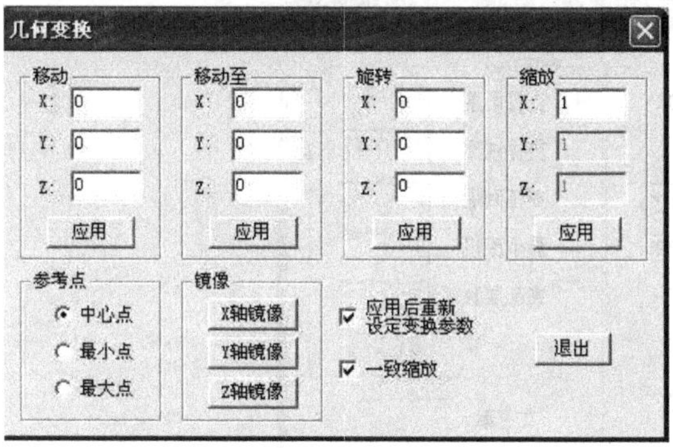

图 7-17　“几何变换”对话框

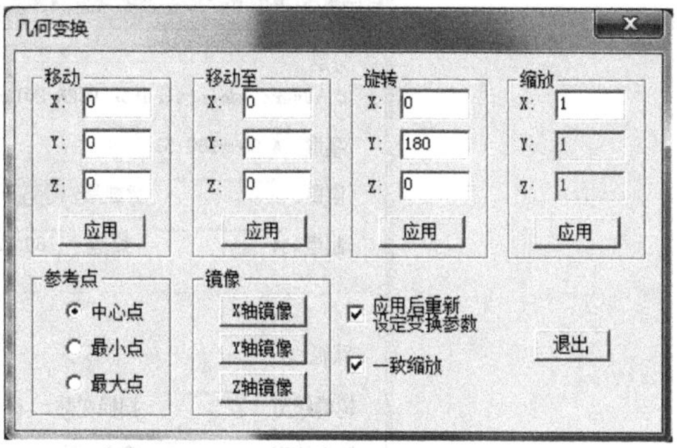

图 7-18　“几何变换”对话框

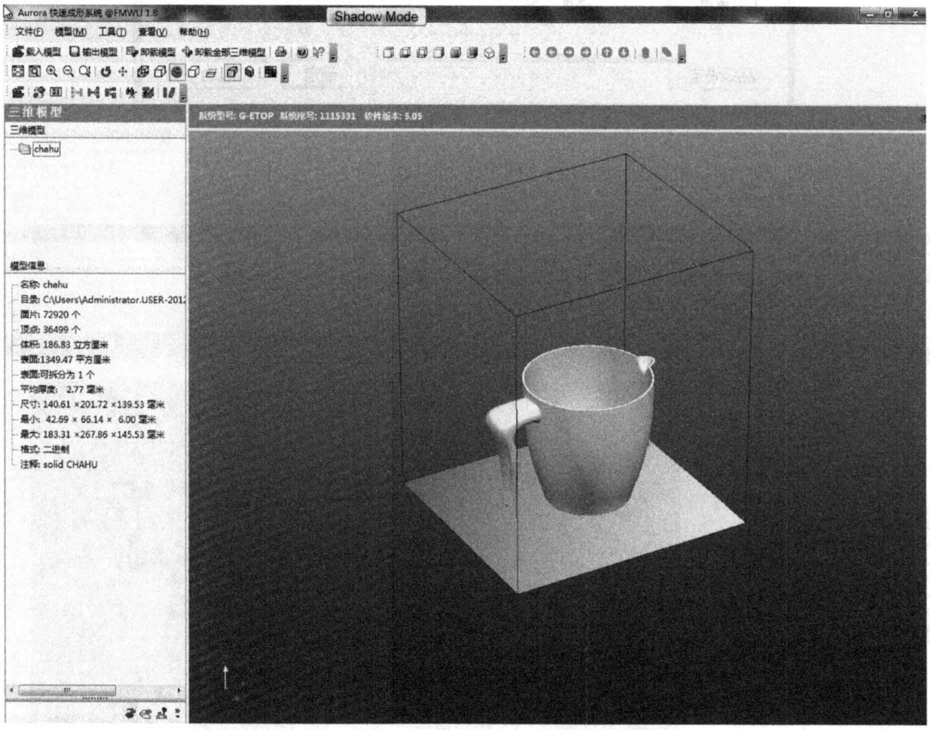

图 7-19　变换后的模型位置

进行设置。本次分层操作采用软件默认的参数。

8）单击“确定”后，分好层后的模型如图 7-21 所示。

9）添加支撑结构。单击菜单栏“工具/预设支撑 3”命令，添加圆形支撑，如图 7-22 和图 7-23 所示。

10）进行设备打印前的准备工作。单击菜单栏“三维打印机/连接”命令，如图 7-24 所示，检测设备的正常工作情况，如设备正常，弹出图 7-25 所示的界面。

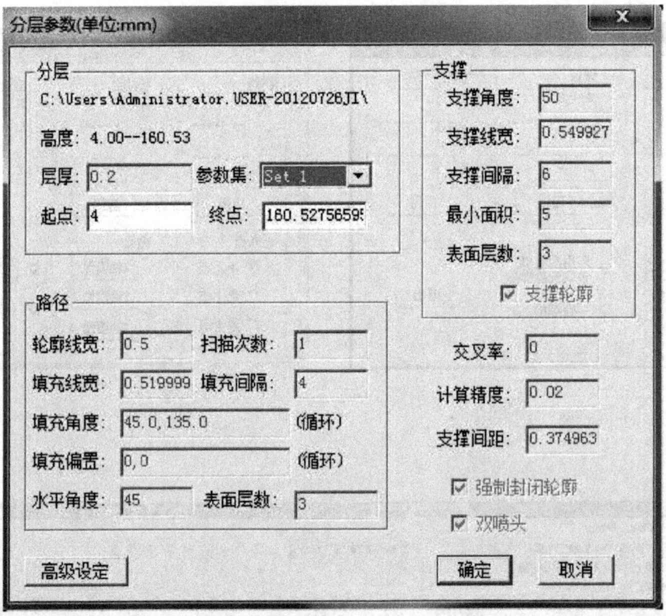

图 7-20 “分层参数”设置对话框

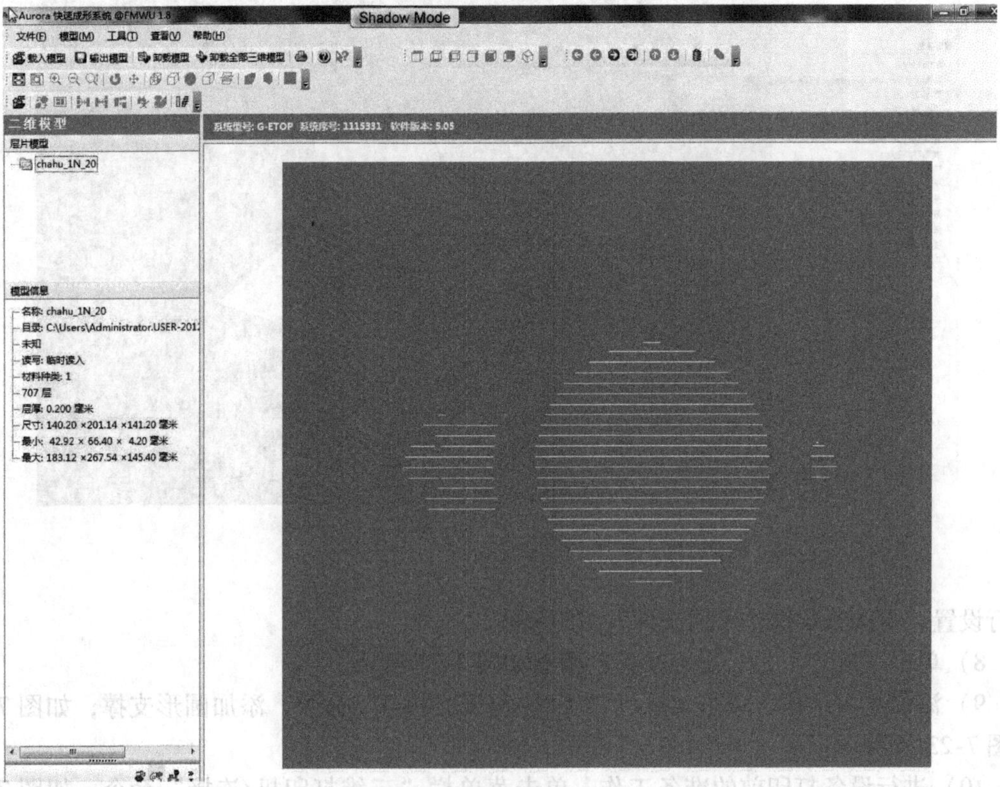

图 7-21 分好层后的模型

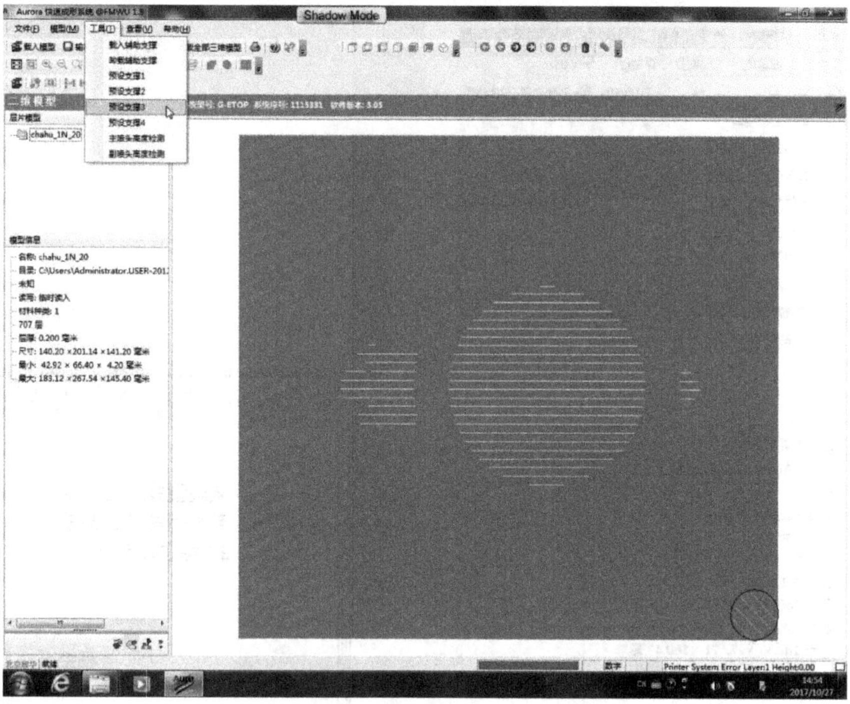

图 7-22　添加圆形支撑

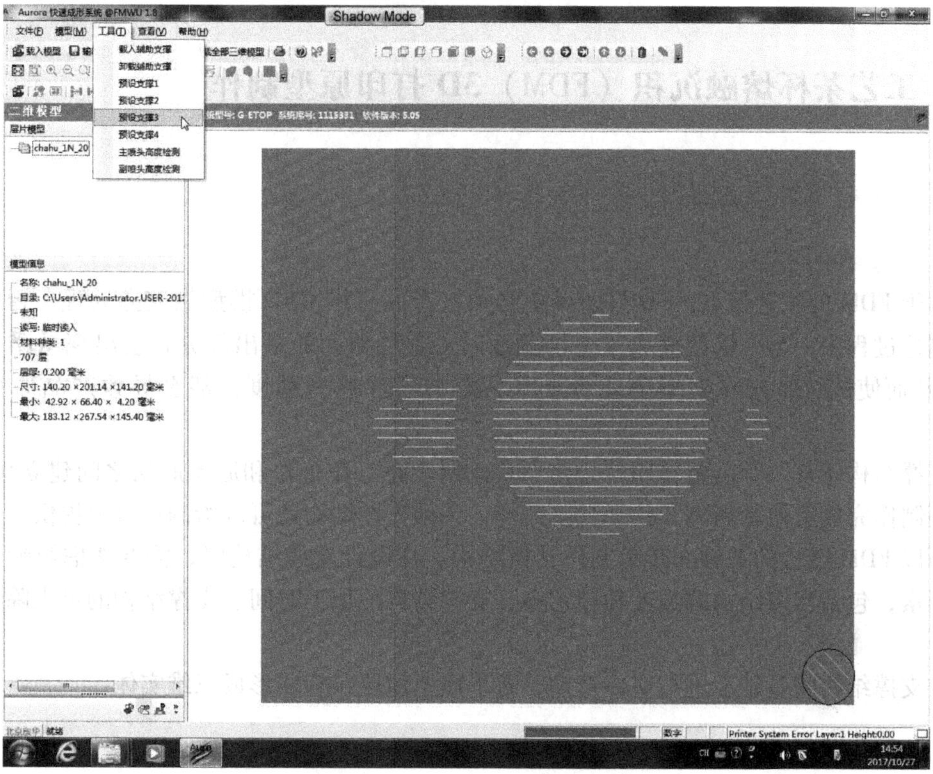

图 7-23　添加圆形支撑后的模型

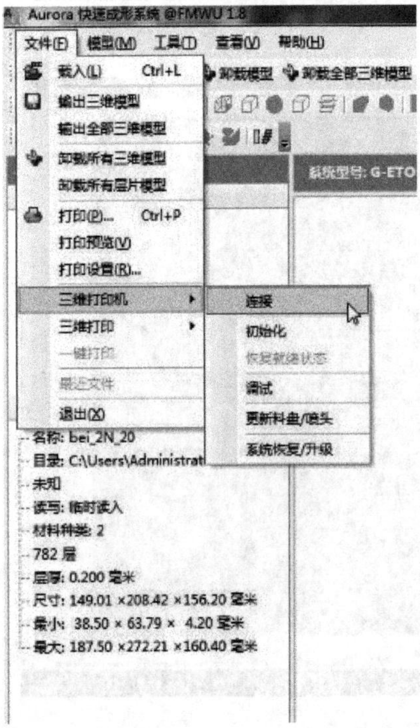

图 7-24 “连接”命令

图 7-25 连接完成后的界面

7.3 工艺茶杯熔融沉积（FDM）3D 打印原型制作

7.3.1 熔融沉积（FDM）原型制作内容

1. 支撑结构的制作

由于 FDM 的工艺特点，3D 打印系统必须对产品三维 CAD 模型做支撑处理，否则，在分层制造过程中，当上层截面大于下层截面时，上层截面的多出部分将会出现悬浮（或悬空），从而使截面部分发生塌陷或者变形，影响零件原型精度，甚至导致产品原型不能成形。

支撑结构还有一个重要作用就是建立基础层。在工作平台和原型底层之间建立缓冲层，使原型制作完成后便于剥离工作平台。此外，基础支撑结构还可以给制造过程提供一个基准面。所以 FDM 造型的关键一步是制作支撑结构。在设计支撑结构时，需要考虑影响支撑结构的因素，包括支撑结构的强度和稳定性、支撑结构的加工时间、支撑结构的可去除性等。

2. 实体制作

在支撑结构的基础上进行实体造型，自下而上地层层叠加形成三维实体。

7.3.2 工艺茶杯熔融沉积（FDM）原型制作过程

在图 7-26 所示的 FDM 3D 打印设备上打印工艺茶杯，材料为 ABS 塑料。

1）单击菜单栏“三维打印机/调试”命令，对设备进行调试，弹出图 7-27 所示的“系统控制”对话框，单击“开温控”按钮，对喷头进行加热。在该对话框可以对喷头的位置、工作台的位置进行位置调整。

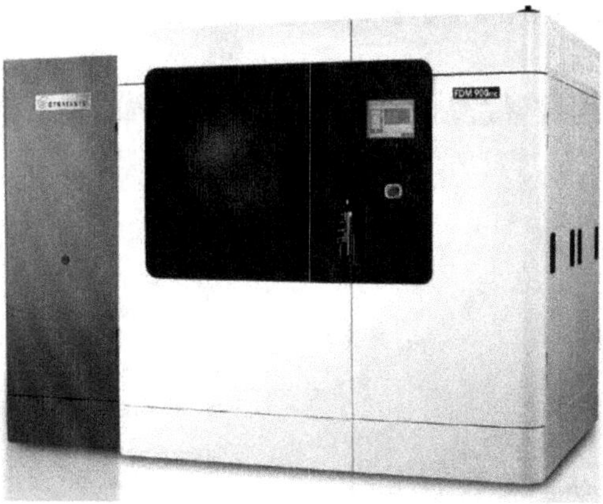

图 7-26　熔融沉积（FDM）3D 打印机

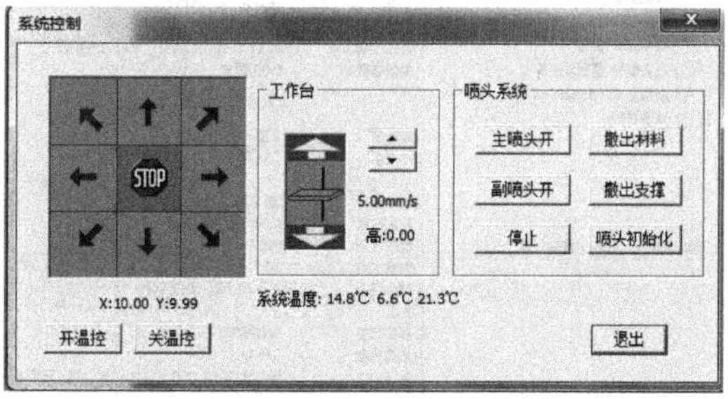

图 7-27　“系统控制”对话框

2）等待喷头加热到设置的温度，同时调整好喷头、工作台的位置，就可以退出“系统控制”对话框，下一步将进行打印操作。

3）单击“三维打印/打印模型”命令，如图 7-28 所示，弹出图 7-29 所示的窗口，设置好参数，单击“确定”，就开始打印模型。

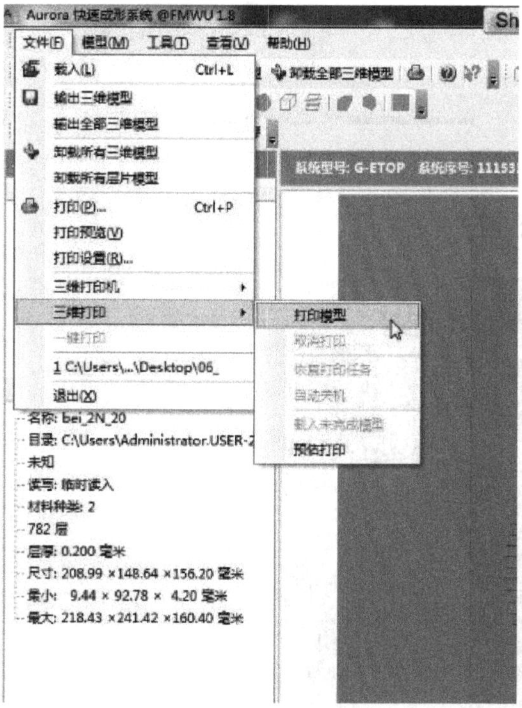

图 7-28　“打印模型”命令

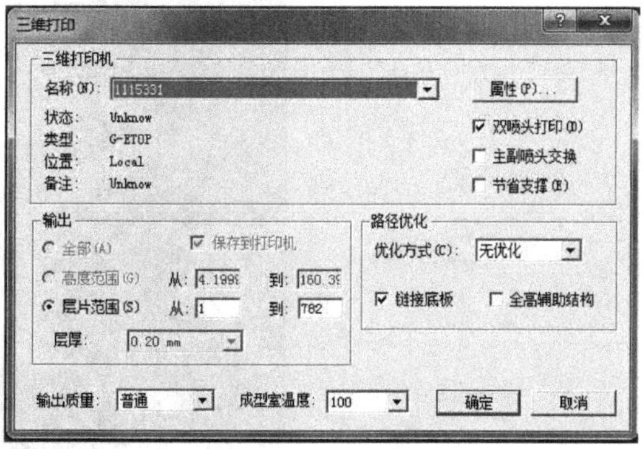

图 7-29　“三维打印”窗口

4）打印过程中可以查看软件的主窗口，如图7-30所示，还可以查看剩余时间、消耗打印的材料等信息。

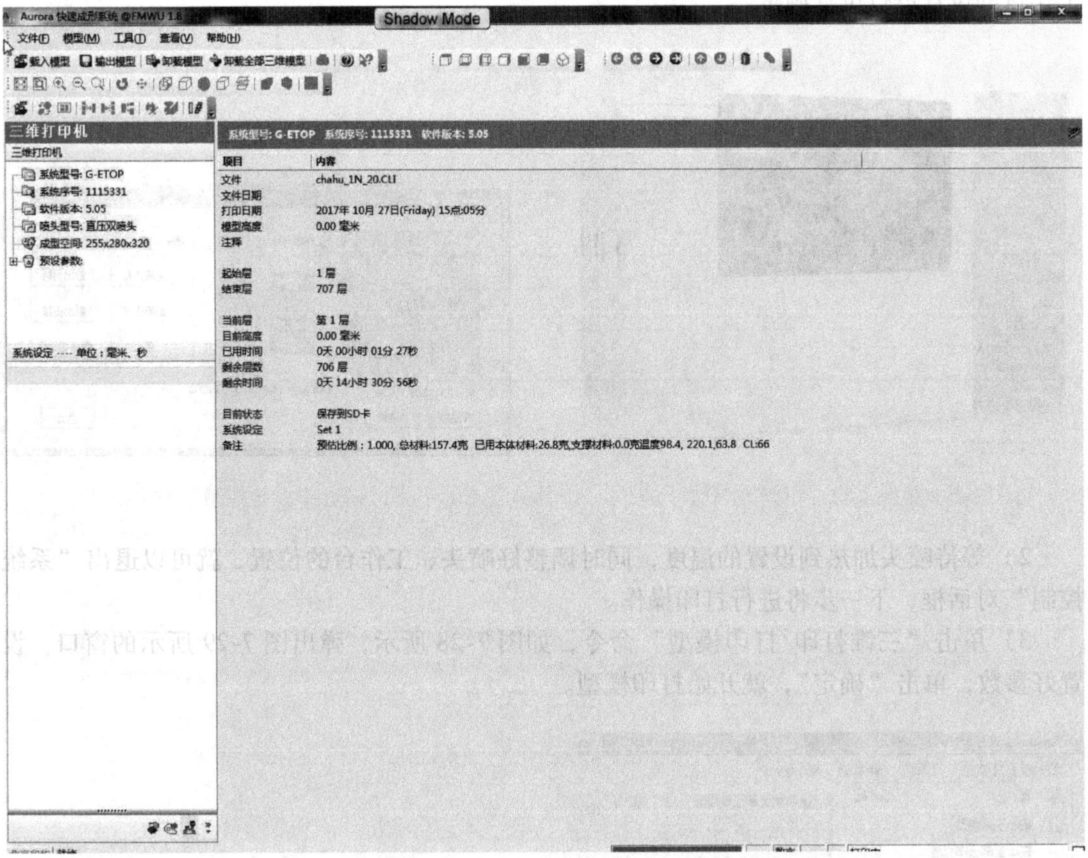

图7-30　打印过程

打印好的工艺茶杯FDM原型如图7-31所示。

图7-31　工艺茶杯FDM原型

7.4　工艺茶杯熔融沉积（FDM）后处理

FDM 3D 打印的后处理主要是对原型件进行表面处理，去除实体的支撑部分，对部分实体表面进行处理，使原型精度、表面质量等达到要求。但是，原型部分复杂、细微结构的支撑部分很难去除，在处理过程中易出现损坏原型表面的情况，从而影响表面质量。在实际操作中采用水溶性支撑材料，可有效地解决这个问题。

工艺茶杯熔融沉积（FDM）3D 打印件的后处理主要包括去除支撑结构和打磨。后处理过的工艺茶杯如图 7-32 所示。

图 7-32　经过后处理的工艺茶杯

7.5　熔融沉积（FDM）3D 打印的优缺点

7.5.1　熔融沉积（FDM）3D 打印的优点

1. 操作简单

由于采用了热融挤压头的专利技术，使整个系统的构造和操作变得简单，维护成本低，系统运行安全。

2. 成形材料广泛

成形材料既可以用丝状蜡、ABS 材料，也可以使用经过改性的尼龙、橡胶等热塑性材料。对于复合材料，如热塑性材料与金属粉末、陶瓷粉末或短纤维材料的混合物，做成丝状后也可以使用。

3. 成形速度快

FDM 成形过程中喷头的无效运动很少，大部分时间都在堆积材料，特别是成形薄壁类制件的速度极快。

4. 可成形复杂零件

FDM 可以成形任意复杂程度的零件，常用于成形具有复杂的内腔、孔等零件。

5. 原材料利用率高

无环境污染，成形系统所采用的材料为无毒、无味的热塑性塑料，废弃的材料还可以回收利用，材料对周围环境不会造成污染。

6. 制件变形小

原材料在成形过程中无化学变化，制件的翘曲变形小，去除支撑结构时无须化学清洗，分离容易。

7.5.2 熔融沉积（FDM）3D 打印的缺点

1. 精度低

成形件表面有较明显条纹，难以构建结构复杂的零件。

2. 强度不尽人意

沿成形轴垂直方向的强度比较弱。

3. 成形速度比较慢

需要设计与制作支撑结构，成形速度相对较慢，不适合构建大型零件。

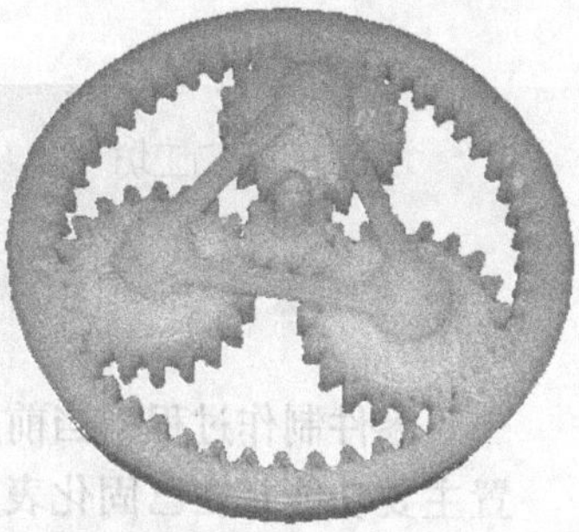

第8章

光固化（SLA）3D打印机

8.1 光固化（SLA）3D打印机的结构组成

8.1.1 光学部分

1. 紫外激光器

光固化（SLA）3D打印机所用的激光器大多是紫外激光器，此激光器有两种：一种是传统的激光器，如氦镉（He-Cd）激光器，输出功率为15~50mV，输出波长为325nm；再如氩离子（Argon）激光器的输出功率为100~500MW，输出波长为351~365nm。这两种激光器的输出是连续的，寿命约是2000h。另一种是固体激光器，输出功率可达500MW或更高，寿命可达5000h，且更换激光二极管后可继续使用。相对于氦镉激光器而言，更换激光二极管的费用比更换气体激光管的费用要少得多。另外，激光以光斑模式出现，有利于聚焦，但由于固体激光器的输出是脉冲的，为了在高速扫描时不出现短线现象，必须尽量提高脉冲频率。综合来看，固体激光器是发展趋势，一般固体激光器激光束的光斑尺寸是0.05~3.00mm，激光位置精度可达0.008mm，重复精度可达0.13mm。

2. 激光束扫描装置

数控激光束扫描装置有两种形式：一种是检流计驱动的扫描镜方式，最高扫描速度可达15m/s，它适合于制造尺寸较小的高精度原型件；另一种是X-Y向绘图仪方式，激光束在整个扫描过程中与树脂表面垂直，这种方式能获得高精度、大尺寸的制件。

8.1.2 树脂容器系统

1. 树脂容器

盛装液态树脂的容器由不锈钢制成，其尺寸取决于光固化成形系统设计的原型或零件的最大尺寸（通常为20~200L）。液态树脂是能够被紫外光感光固化的光敏性聚合物。

2. 升降工作台

带有许多小孔洞的可升降工作台在步进电动机的驱动下能沿高度Z方向做往复运动。最小步距小于0.02mm，在225mm的工作范围内位置精度达±0.05mm。

8.1.3 涂覆装置

零件制作过程中当前层扫描完成后，在扫描下一层之前需要重新涂覆一层树脂。涂覆装置主要功能是在已固化表面上重新涂覆一层树脂，并且辅助液面溜平。

刮板的作用是将突起的树脂刮平，使树脂液面平滑，以保证涂层厚度均匀。采用刮板结构进行涂覆的另一个优点是可以刮除残留体积，如图8-1所示。

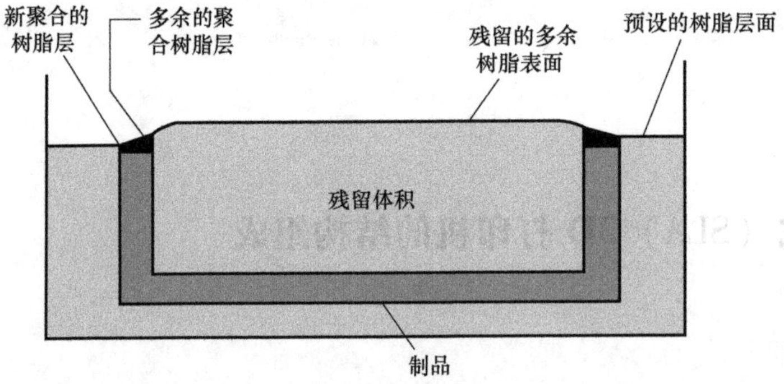

图8-1 光固化成形制造过程中残留的多余树脂

光固化3D打印系统的吸附式涂层机构，如图8-2所示。吸附式涂层机构在刮板静止时，液态树脂在表面张力的作用下充满吸附槽。当刮板进行涂刮运动时，吸附槽中的树脂会均匀涂覆到已固化的树脂表面。此外，涂覆装置中的前刃和后刃可以很好地消除树脂表面因为工作台升降等产生的气泡。

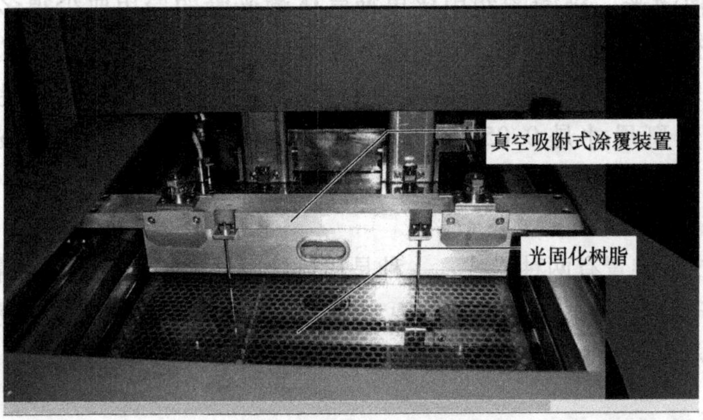

图8-2 吸附式涂层结构

8.1.4 数控系统

数控系统主要由数据处理计算机和控制计算机组成。数据处理计算机主要是对CAD模型进行面型化处理输出适合光固化成形的文件（STL格式文件），然后对模型定向切片。控制计算机主要用于X-Y向扫描系统、Z方向工作台上下运动和涂覆装置的控制。

8.2 光固化（SLA）3D 打印机的安装与维护

8.2.1 光固化（SLA）3D 打印机的工作环境

SPS 系列打印机是利用计算机控制激光扫描器运动实现激光束的二维扫描；伺服电动机驱动、丝杠传动实现工作台的升降运动。制作过程全自动化，控制程序在 Windows 操作环境下，功能强大，界面友好。工作环境如下：

电源：220V ±10V，(50 ±2) Hz，3kW，须配备 UPS 稳压电源。

室温：22 ~24℃，要求有空调及通风设备。

照明：要求采用白炽灯照明，禁止使用日光灯等近紫外灯具，工作间窗户有防紫外窗帘，防止日光直射设备。

湿度：相对湿度 40% 以下，要求有除湿设备。

污染：工作间无腐蚀性和有毒的气体、液体及固体物质。

振动：不允许存在振动。

8.2.2 光固化（SLA）3D 打印机的安装

安装光固化（SLA）3D 打印机的步骤。

1）拆除包装箱。小心拆除包装木箱，除去包装膜，卸下左右两侧面板和前面下部的一面板，将左右两侧与木头底座连接的紧固螺栓卸掉，将光固化 3D 打印机移到地面。

注意：拆箱前先检查包装箱有无破损，搬运不要过度倾斜或翻转 3D 打印机。

2）调节水平。光固化（SLA）3D 打印机有以下安装要求：激光器水平；刮平台、托板及涂覆装置水平；Z 轴升降台竖直。

首先确定好光固化（SLA）3D 打印机的安装位置，为便于设备的检查和维护，成形机后面以及左右两侧与墙壁的距离不得少于 1m。安装时先拆下左右两侧面板与前面板，将看到 4 个地脚螺栓。安装光固化（SLA）3D 打印机时，要万向轮离开地面，由 4 个地脚螺栓支撑 3D 打印机的重量并调节其水平度。

注意：以 Z 轴升降系统安装基板的右侧面和后面，并以这两面为基准，调整校正用框式水平仪，调整地脚螺栓，使该板在两方向达到竖直，精度误差在 ±0.02mm 内，然后锁紧地脚螺钉。

将水平仪（钳工用）放在激光器安装基板上，利用其本身的可调螺钉调整基板水平，然后锁紧。

3）安装激光器。激光器由激光管、电源部分组成。打开激光器包装箱，两个人各持激光器及电源，轻轻地将激光器放置到激光 3D 打印机顶部，激光的出口正对反射镜，注意搬动时保持激光器大致水平并避免振动。将激光器固定在基板上，将激光器电源放置在工控机下面的平板上。保留激光器及其电源的包装箱，以便以后维修激光器或搬运时用。

4）安装扫描器和动态聚焦镜。

5）连接激光器和扫描器的电源和信号线。

注意：操作以上步骤时，连接线标识与对应接口标识保持一致。

6）给激光器通电，调整光路。

7）向树脂槽添加光固化树脂。

将工作台移动至距树脂槽上边沿 10cm 左右，解锁涂覆装置电动机控制或关掉伺服电源，把刮平移动至最里面。打开树脂包装桶，将树脂缓缓倒入树脂槽，距离树脂槽上边沿 1.5cm 即可，随后根据设备调节的情况再适当添加。

注意：不要将树脂溅到刮平导轨上，如果导轨上粘有树脂，应立即用工业酒精擦干净。

8.2.3 光固化（SLA）3D 打印机关键部件的维护

1. Z 向工作台

（1）基本组成　包括伺服电动机、滚珠丝杠副、滚珠丝杠支座、导轨副、吊梁、托板、安装立板。

（2）维护保养

1）发现润滑脂不足，定期检查轴承及丝杠副润滑情况，如有需要及时补充润滑脂。导轨每隔一段时间要擦洗、上油一次，建议用10#机油。

2）加工制作完成以后，将工作台升起，高出树脂液面 3 ~5mm。

3）在托板上刮铲零件时，不要用力过大，以免托板受力变形。

4）加工制作完成后，及时将托板清理干净。使用时间较长的情况下，托板上的有些小孔会被固化的树脂阻塞，此时应该清理托板。可将托板拆卸下来，转动托板前端两个带滚花的偏心夹紧机构，使其挂钩脱开，再松开托板里边的两个压紧螺钉，水平向前抽出托板。

5）Z 轴方向间隙的消除。使用过程中如发现 Z 轴方向进给量有误差，产生的原因有可能是滚珠丝杠轴 Z 轴向有窜动引起的。Z 轴方向的检查调整可从以下两个方面进行：

① 检查电动机与丝杠联轴节是否松动，如松动将紧固螺钉拧紧。

② 检查上轴承盖是否压紧上轴承外圈，检查时可用长螺钉上下撬动丝杠，感觉是否有间隙，如有间隙可以调整压紧轴承的上端盖即可消除。

6）维修时，如拆下滚珠丝杠副后，不要将滚珠丝杠滑块移到丝杠的尽头，以免滚珠掉出来。如拆下直线导轨副后，不要将直线导轨滑块移到直线导轨的尽头，以免滚珠掉出来。

2. 涂层机构

（1）涂层机构功能　涂层机构在已固化层上表面重新涂覆一层树脂。涂层机构采用真空吸附式装置，保证涂层均匀。真空腔体内树脂液位在 1/2 ~3/4 为宜。制作零件的过程中，上一层扫描完成后，在扫描下一层之前，需要重新涂覆一层树脂。光固化树脂是黏稠液体，其黏度大，表面张力大。由于表面张力的作用，制件上表面涂的树脂有凸起，这种凸起会影响制件质量。托板下降一个分层厚度，真空吸附刮板涂覆一次，以保证涂层面厚度均匀、平整。

（2）涂层机构基本结构　包括指针、刮平梁、刮板、刮平梁支撑、刮平升降调节螺母、螺母座、螺杆、基座、步进电动机、步进电动机支座、同步带、同步带带轮、同步带带轮支座、真空装置盒、导管等。

安装时，指针下尖端与刮平下端面调整在一个水平面上，这时升降调节螺母与螺母座指示刻度对准零位，这时刮平上升至最高位，此为刮板涂层机构的初装位置，即可装入机架上。然后接好真空装置导管。

（3）刮板的调节　在标准液面高度情况下，将工作台降到液面 10mm 下，然后在将刮板步进电动机解锁或是关闭伺服电源的情况下调节刮板。在步进电动机通电的情况下，不要拉动刮板，以免损坏步进电动机。这时利用固定于刮板梁上的两个目测指针，同时转动两个刮板升降调节螺母，使指针一边下降一边观察，等针尖刚触上液面，也即刮板刃口触上液面，此时即刮板与液面平齐。然后，再反转刮板升降螺母使刮板刃口略高于稳定后的树脂液面，此高度一般取 0.1mm，也可自行确定。试着用手拉动刮板刮平几次，使刮板刃口刚好能刮到树脂。刮板要设定合适的高度，刮板设得太高，则失去了刮平的作用；设得太低，将会把零件刮坏。

（4）涂层机构的维护　长时间使用涂层机构，在刮板上会粘附许多固化后的树脂，将影响刮板涂层工作，必须予以清除。该机构是可拆卸的，用户只要拧下导向键上 4 个螺钉，即可取下，用工具和酒精加以清除清洗。干净后再返回装上即可。

3. 激光扫描系统

（1）主要组成　激光光路系统包括激光器、反射镜、扫描器及聚焦镜。

激光器采用美国进口的固体激光器，波长为 355nm。

（2）光路简图　光路简图如图 8-1 所示。激光器发出的激光束经反射镜 1、2 的反射，进入聚焦镜，聚焦镜将激光束聚焦，光束经扫描器上的反射镜片反射后聚焦在树脂液面上。

（3）光路的调整与维护

1）光路调整。如图 8-3 所示，当激光器、反射镜和扫描器安装好后，首先观察从激光器出口出来的光束以及经过基板上两个反射镜反射后射进扫描器的光束是否在一个平面中。如果不在，首先通过调整基板上的两个反射镜，使这两束光在同一个平面中，然后从工作台的上部看扫描器里的两个振镜片，观察激光光束是否都被反射在这两个镜片的中部（标准情况是反射在两个镜片中间），要是不在中部，那就通过调整基板上的两个反射镜使激光光束射在扫描镜镜片的中部，这样整个光路就调整好了。通过两块反射镜调整光束通过聚焦镜轴线。反射镜 1、2 的调整可以实现光轴垂直高度、俯仰和前后的摆动。通过观察聚焦镜的入口、出口光斑形状或直接在液面上方观察光斑形状进行判断。

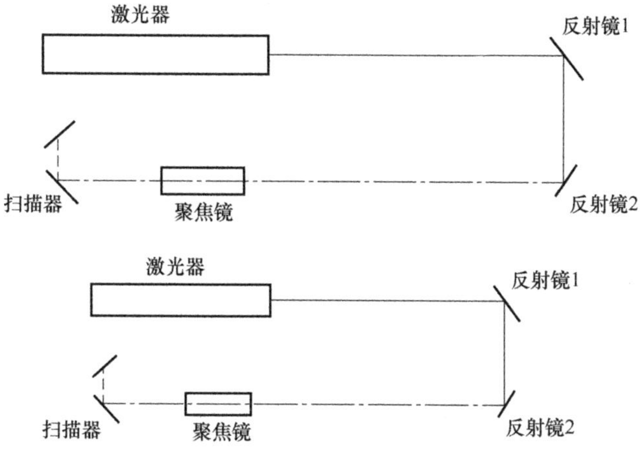

图 8-3　光路简图

2）清洁反射镜。用光学镜头擦拭纸蘸少许无水乙醇（擦拭纸浸湿后再用力甩干）擦拭反射镜表面，注意每擦一次更换一次擦拭纸，不要用同一张纸反复擦拭。

注意：在操作过程中防止激光直接照射人眼和皮肤。激光器、反射镜、扫描器和聚焦镜要防尘处理。

（4）精度的调整　在光路调整好的基础上，通过调整聚焦镜光圈来使激光光束的焦点正好在工作平台上，这时机器的精度最高，具体调整的步骤如下：

1）逆时针或顺时针方向旋转光圈，直到光斑的最小点出现在工作平台上。

2）试做一个标准件，完成后测量 X、Y 方向的尺寸（应为平均值），如果不能达到理论值及误差的要求，就用 X、Y 方向的测量值分别除其理论值，得到的数值再分别乘以 LPS. dev（设备文件）中的 Xcalibration 和 Ycalibration 两个数值，得到的数值再分别代替 Xcalibration 和 Ycalibration 两个原始数值，保存后再重新打开 RpBuild 文件，再做标准件，再调整这两个数据直到达到要求为止（有效位数一般为 10 位左右）。例如：原来的 Xcalibration 简称为 Xc′，X 则代表 X 方向的尺寸，则：

$$Xc(新) = X(理论值)/X(测量值)Xc'$$

Yc 和 Xc 的修正方法一样，直到达到要求为止。

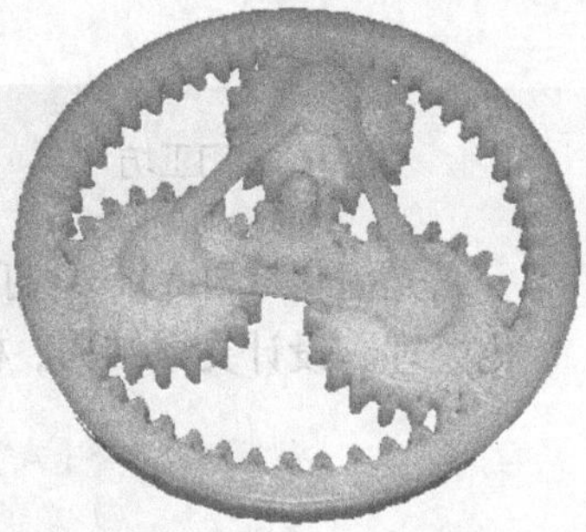

第9章

生肖兔光固化（SLA）3D打印成形

9.1 光固化（SLA）3D 打印技术

9.1.1 光固化（SLA）3D 打印原理

光固化 3D 打印机的原理图如图 9-1 所示。光固化成形系统由液槽、可升降工作台、激光器、扫描系统和计算机数控系统等组成。其中，液槽中盛满液态光敏聚合物（容量通常为 20～200L）。带有许多小孔洞的可升降工作台在步进电动机的驱动下能沿高度 Z 方向做往复运动。激光器为紫外激光器，如氦镉（HeCd）激光器、氩离子激光器和固态激光器，其功率一般为 10～200MW，波长为 320～370nm（处于中紫外至近紫外波段）。扫描系统为一组定位镜，它能根据控制系统的指令，按照每一截面层轮廓的要求做高速往复摆动，从而使激光器发出的激光束反射，并聚焦于液槽中液态光敏聚合物的上表面，并沿此面做 X-Y 向的扫描运动（图 9-2）。

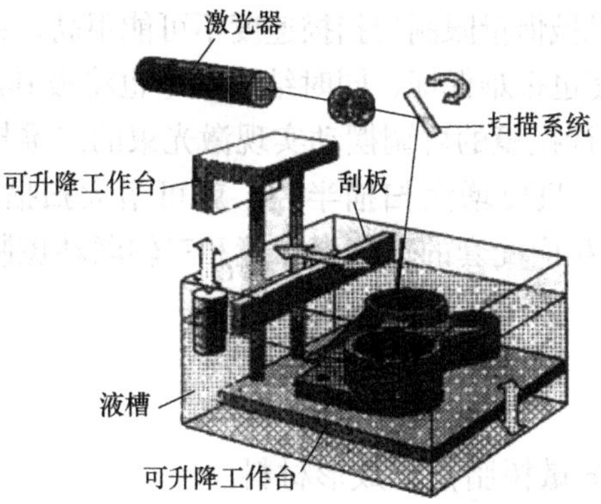

图 9-1　光固化 3D 打印机的原理图

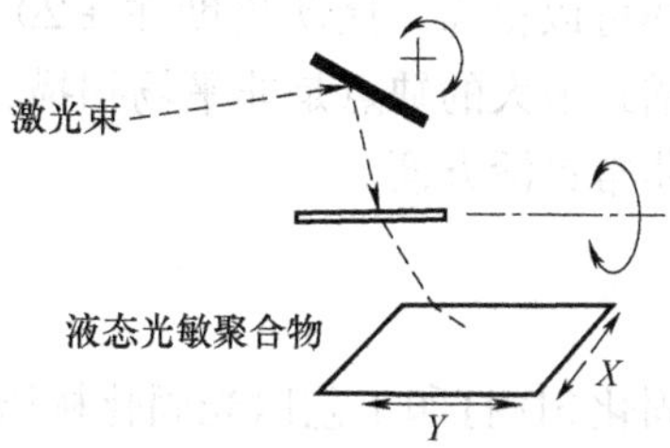

图 9-2　扫描运动

工作时，在一层受到紫外激光束照射的部位，液态光敏聚合物快速固化，形成相应的一层固态截面轮廓。一层固化完毕后，工作台下移一个层厚的距离，以便在原先固化好的表面再敷上一层新的液态树脂，然后刮板将黏度较大的树脂液面刮平，进行下一层的扫描加工，同时新固化的一层牢固地粘结在前一层上，如此重复直至整个零件制造完毕，得到一个三维实体原型。

光固化（SLA）3D 打印工艺过程一般包括：前期处理（包括创建 CAD 模型、模型的面化处理、设计支撑结构、模型切片分层）、原型制作和后处理。

9.1.2 光固化（SLA）3D 打印分类

光固化 3D 打印按照所用光源的不同，分为紫外激光成形和普通紫外光成形两类，二者的区别是光波的波长不同。

对于紫外激光，可由氦镉激光器产生，也可以由氩离子激光器产生；由低压汞灯产生的普通紫外光，有多种频谱，其中波长为 254nm 的光谱可以用来固化成形。采用的光源不同，对树脂的要求不同。树脂的组成不同，将表现出不同的吸收峰（即在吸收光谱中吸收度随波长变化的曲线上，中心波长所对应的最大吸收值）。

以上紫外激光和普通紫外光用于光固化成形，成形的机理不同。紫外激光通过激光束扫描树脂液面使其固化，典型的如立体印刷（也称立体光刻，简称 SLA）；普通紫外光是利用紫外光照射液态树脂液面使液态树脂固化，典型的如实体成形（简称 SGC）。由此得出，二者的区别是一次固化的单元不同，紫外激光扫描点线单元，需对层轮廓进行扫描，而普通紫外光为面单元，无需扫描，但都是基于层堆积形成三维实体模型。

原理上讲，SLA 和 SGC 方法各有优缺点，见表 9-1。

表 9-1 两种光固化法的特点对比

固化方法	SLA	SGC
光路特点	需要动态聚焦镜	光路简单
扫描速度	视树脂性能而定	
层固化效率	中等	最快

利用激光光束进行固化成形的方法又有振镜扫描式和 X-Y 轴坐标扫描式。

坐标扫描式是通过数控台 X-Y 轴带动反射镜或光导纤维束在树脂液面进行扫描，扫描的速度由工作台移动的速度决定，因此由于受到机械惯量限制的扫描速度不可能很高，特别对于大尺寸规格的设备，更是如此，并且运动的精度也很难保证，同时结构尺寸也将极其庞大。

而振镜扫描式是通过两块正交布置的检流计振镜的协调摆动实现激光束的二维扫描，摆动的频率可以很高，摆动角度在 ±20°范围内，只要增大扫描半径，就可增大扫描的范围。振镜扫描式最大的缺点是非平场扫描，由于有相应配套的动态聚焦镜和三轴联动控制器，使用起来非常灵活方便。

9.1.3 光固化（SLA）3D 打印材料

光固化 3D 打印工艺以光固化树脂（又称光敏树脂）为成形材料。

1. 对光固化成形材料的要求

光固化成形材料需具备两个最基本的条件：能否成形及成形后的形状、尺寸精度能否满足成形件的要求。具体要求如下：

1）成形材料易于固化，且成形后具有一定的粘结强度。

2）成形材料的黏度不能太高，以保证加工层平整并减少液体流平时间。

3）成形材料本身的热影响区小，收缩应力小。

4）成形材料对光有一定的透光度，以利于获得具有一定固化深度的层片。

2. 光固化成形材料的分类

光固化树脂材料中主要包括齐聚物、反应性稀释剂及光引发剂。根据引发剂的引发机理，光固化树脂可以分为三类：自由基光固化树脂、阳离子光固化树脂和混杂型光固化树脂（SLA 工艺的新型材料）。

（1）自由基光固化树脂　自由基齐聚物主要有三类：环氧树脂丙烯酸酯、聚酯丙烯酸酯和聚氨酯丙烯酸酯。

环氧树脂丙烯酸酯聚合快，产品强度极高但脆性较大，产品易泛黄；聚酯丙烯酸酯的流平性好，固化好，性能可调节；聚氨酯丙烯酸酯可赋予产品柔顺性与耐磨性，但聚合速度较慢。

稀释剂包括多官能度单体和单官能度单体两类。此外，常规的添加剂有：阻聚剂、UV 稳定剂、消泡剂、流平剂、光敏剂、燃料、天然色素、填充剂和惰性稀释剂等。其中的阻聚剂特别重要，因为它可以保证液态树脂在容器中具有较长的存放时间。

（2）阳离子光固化树脂　阳离子光固化树脂的主要成分为环氧化合物。用于 SLA 工艺的阳离子型齐聚物和活性稀释剂，通常为阳离子和乙烯基醚。阳离子是最常用的阳离子型齐聚物，它具有以下优点：固化收缩小，产品精度高，黏度低，生产坯件强度高。阳离子聚合物是活性聚合，在光熄灭后可以继续引发聚合。氧气对自由基聚合有阻聚作用，而对阳离子树脂则无影响；产品可直接用于注塑模具。

（3）混杂型光固化树脂　由于由自由基光固化树脂和阳离子光固化树脂为材料生产出来的原型易发生翘曲变形等缺点，以固化速度快的自由基光固化树脂为骨架结构，以收缩、翘曲变形小的阳离子光固化树脂为填充物的混杂型光固化树脂获得了广泛的应用。

混杂型光固化树脂具有如下优点：可以提供诱导期短而聚合速度稳定的聚合物；可以设计成无收缩的聚合物；保留了阳离子在光消失后仍可继续引发聚合的特点和可以获得精度比较高的原型零件。

3. 光固化成形材料的选择

目前，常用光固化成形材料的牌号与性能见表 9-2。

表 9-2　光固化成形材料牌号与性能

牌号 力学性能	中等强度的聚苯乙烯（PS）	耐中等冲击的 ABS	CiBa-Geigy SL 5190	DSMSLR-800	DuPont SOMOS 6100	Allied Signal Exactomer 5201
抗拉强度/MPa	50.0	40.0	56.0	46.0	54.4	47.6
弹性模量/MPa	3000	2200	2000	961	2690	1379

9.2　生肖兔光固化（SLA）3D 打印前处理

9.2.1　基于 UG 软件的生肖兔正向建模

使用 UG NX10.0 软件进行生肖兔的正向建模，主要操作步骤如下：

1. 建立生肖兔头部轮廓特征

单击“草图”命令绘制生肖兔头部轮廓，完成后单击“完成草图”，如图 9-3 所示。

单击“回转”命令，完成头部的实体建造，如图9-4所示。

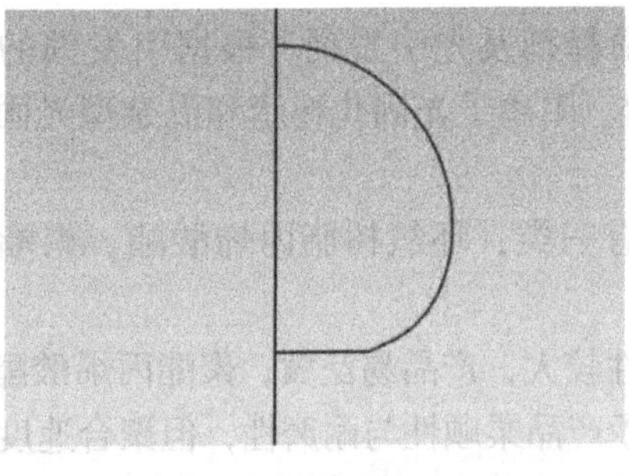

图9-3　生肖兔头部旋转剖面

图9-4　旋转生成的生肖兔头部特征

2. 建立生肖兔身体轮廓特征

单机“草图”命令绘制生肖兔身体轮廓，完成后单击“完成草图”，如图9-5所示。单击“回转”命令，完成身体轮廓的实体建造，如图9-5和图9-6所示。

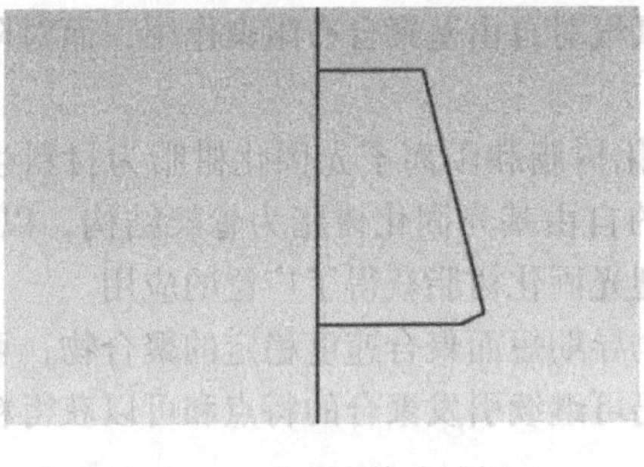

图9-5　生肖兔身体旋转剖面

图9-6　旋转生成的生肖兔身体轮廓特征

3. 建立生肖兔耳朵轮廓特征

单击“草图”命令绘制生肖兔耳朵轮廓，完成后单击“完成草图”，如图9-7所示。单击“拉伸”命令，然后绘制一个曲面，单击“替换面”命令，完成耳朵的实体建造。最后镜像，如图9-7和图9-8所示。

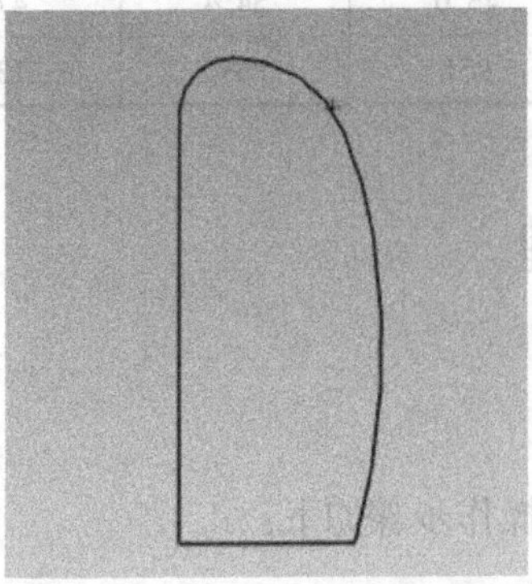

图9-7　生肖兔耳朵旋转剖面

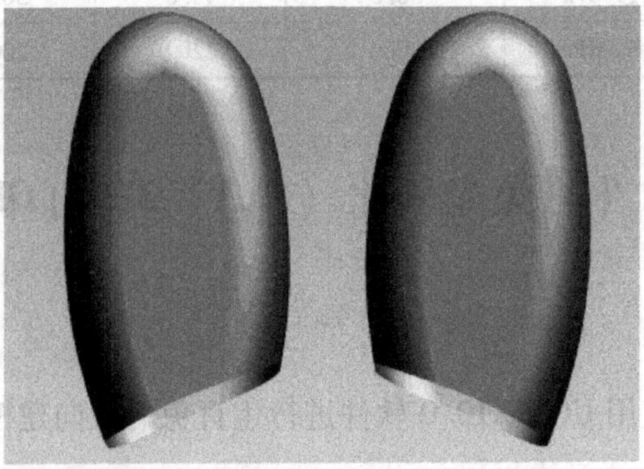

图9-8　拉伸生成的生肖兔耳朵轮廓特征

4. 建立生肖兔脚部轮廓特征

单击“草图”命令绘制生肖兔脚部轮廓，完成后单击“完成草图”，如图 9-9 所示。单击“拉伸”命令，完成脚部的实体建造，如图 9-9 和图 9-10 所示。

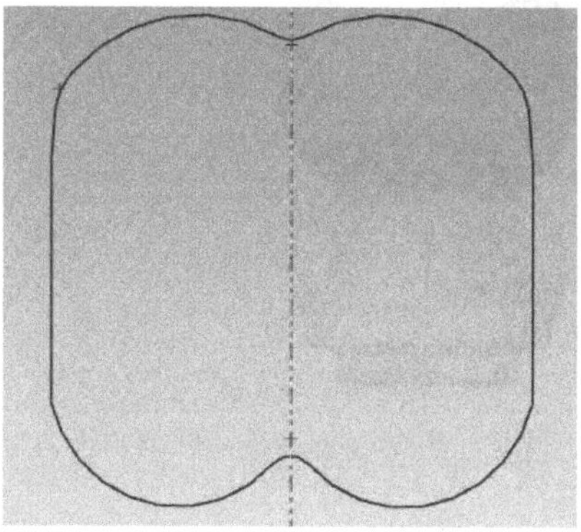

图 9-9　生肖兔脚部旋转剖面

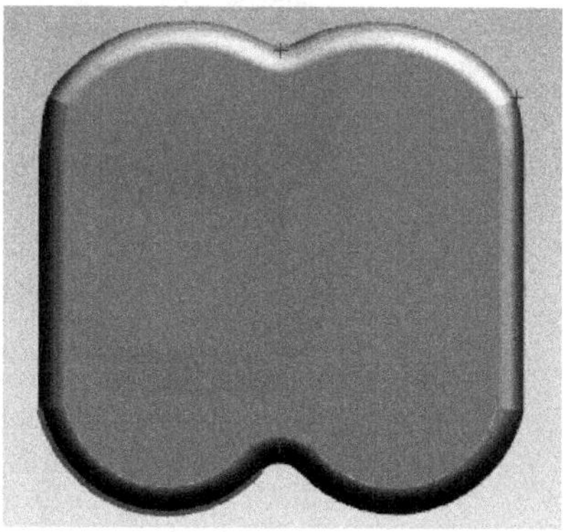

图 9-10　拉伸生成的生肖兔脚部轮廓特征

5. 建立生肖兔手部轮廓特征

单击“草图”命令绘制生肖兔手部轮廓，完成后单击“完成草图”，如图 9-11 所示。单击“扫略”命令，完成手部的实体建造，如图 9-12 所示。

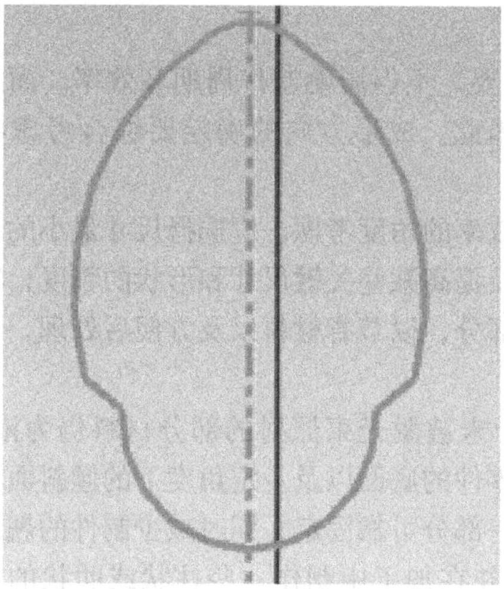

图 9-11　生肖兔手脚部旋转剖面

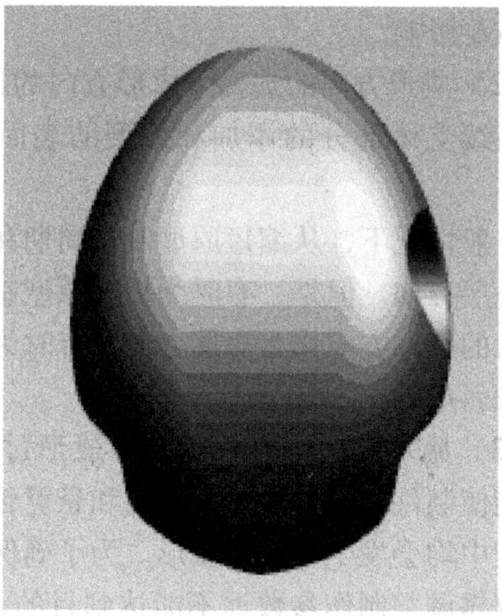

图 9-12　扫略生成的生肖兔手部轮廓特征

6. 完成生肖兔实体建造

完成实体建造，如图 9-13 和图 9-14 所示。

单击菜单栏“文件/输出...”命令，将文件转成 STL 格式，为后面 3D 打印的其他前处理环节做准备。

图 9-13　生肖兔实体正面

图 9-14　生肖兔实体背面

9.2.2　生肖兔光固化（SLA）3D 打印其他前处理环节

1. 光固化（SLA）3D 打印其他前处理环节的内容

光固化（SLA）3D 打印前处理环节除了三维建模外，还主要包括以下几个方面：

（1）造型与数据模型转换　CAD 系统的数据模型通过 STL 接口转换到光固化 3D 打印系统中。STL 文件用大量的小三角形平面来表示三维 CAD 模型，这就是模型的面型化处理。小三角形平面数量越多，分辨率越高，STL 表示的模型越精确。高精度的数学模型对零件精度有重要影响。

（2）成形方向的选择　成形方向的选择十分重要，不但影响制作周期和效率，而且还影响后续支撑部分的添加和原型的表面质量等，因此，成形方向的确定要综合考虑各种因素。

一般情况下，从缩短原型制作周期和提高制作效率的角度考虑，应选择尺寸最小的方向作为叠层方向。但是，有时为提高原型制作质量以及提高某些关键尺寸和形状的精度，需要将较大的尺寸方向作为叠层方向。有时为减少支撑部分，以节省材料以及方便后处理，也可采用倾斜摆放。

（3）施加支撑结构　在 SLA 成形过程中，由于未被激光束照射的部分材料仍为液态，它不能使制件截面上的孤立轮廓和悬臂轮廓定位；零件的底面以及一定角度下的倾斜面在制作过程中均会发生较大的变形。为了确保制件的每一部分可靠固定，同时减少制件的翘曲变形，仅靠调整制作参数远不能达到目的，必须设计并在加工中制作一些柱状或肋状的支撑结构。

根据零件不同的表面特征和支撑结构的不同作用，在制作过程中应设计不同的支撑结构形式，在 SLA 中常使用的支撑结构有以下几种形式：

1）角板支撑结构。如图 9-15a 所示，角板支撑结构主要用来支撑悬臂结构部分，角板的一个臂和垂直面连接，另一个臂和悬臂部分连接，为悬臂面在制作过程中提供支撑作用，同时限制悬臂部分上翘变形。

2）投射特征边支撑结构。如图 9-15b 所示，投射特征边支撑结构用来对那些角板支撑结构不能达到的悬臂结构提供支撑结构，一般和壁板结构支撑结构结合使用。这种支撑结构用来支撑零件某些结构的边，以防止这些结构的变形和翘曲。

3）单壁板支撑结构。如图 9-15c 所示，单壁板支撑结构主要是针对那些长条结构特征的成形件设计的，其主柱是沿着零件结构特征的中心线，或边的投射线，次柱可加强支撑结构的稳定性。单壁板支撑结构在悬吊边结构成形中广泛应用。

4）壁板支撑结构。图 9-15d 所示，壁板支撑结构是若干十字交叉的壁结构，主要是为大的支撑区域提供内部支撑，壁板支撑结构和这些区域的投射边结构相连接，以提供稳定的支撑。壁板支撑结构可以为底面、悬吊面、悬吊结构等提供良好的内部支撑。在使用壁板支撑结构时，应避免支撑和零件的垂直壁接触，以提高零件垂直壁的表面质量。

5）柱形支撑结构。如图 9-15e 所示，柱形支撑结构主要为零件中的孤立轮廓（孤岛特征）或一些小的无支撑结构特征提供支撑。在使用柱形支撑结构时，壁的厚度要足够厚以使其具有足够的稳定性，悬吊点结构常使用这种支撑结构。

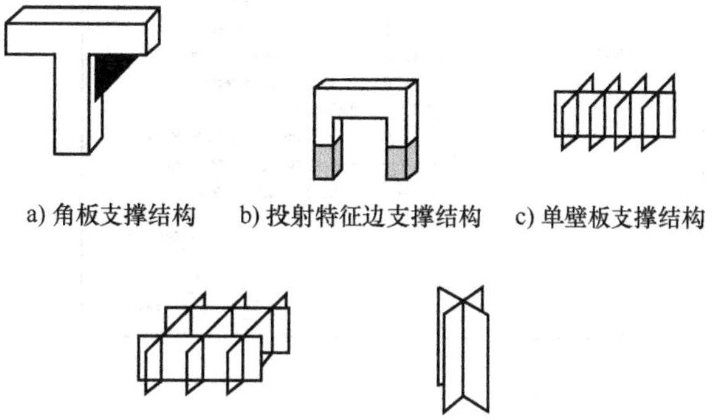
a) 角板支撑结构　b) 投射特征边支撑结构　c) 单壁板支撑结构

d) 壁板支撑结构　e) 柱形支撑结构

图 9-15　光固化（SLA）3D 打印的支撑结构

施加支撑结构是光固化 3D 打印前处理阶段的一项重要工作。施加支撑结构是否合理直接影响着原型制作的成功与否及制作的质量。施加支撑结构可以手工进行，也可以靠软件自动实现。软件自动施加支撑结构一般需要人工的核查，进行必要的修改和删减。

（4）模型切片分层　CAD 模型转化成面模型后，接下来的数据处理工作是将数据模型切成一系列横截面薄片，切片层的轮廓线表示形式和切片层的厚度直接影响成形件的制造精度。

切片过程中规定了两个参数来控制精度，即切片分辨率和切片单位。切片单位是软件用于 CAD 单位空间的简单值，切片分辨率定义为每 CAD 单位的切片单位数，它决定了 STL 文件从 CAD 空间转换到切片空间的精度。分层的大小根据被成形件精度和生产率的要求选定，分层越小，精度越高，成形时间越长；分层的范围一般为 0.05 ~ 0.4mm，通常取 0.10mm。各种 3D 打印系统都带有切片处理软件，能自动提取模型的截面轮廓。

切片层的厚度直接影响成形件的表面质量，切片轴方向的精度和制作周期，是光固化 3D 打印中最广泛使用的变量。当成形件的精度要求较高时，应考虑更小的切片厚度。

2. 生肖兔光固化（SLA）3D 打印前处理

1）在 Magics 软件中，单击“加载”命令，选择生肖兔 STL 格式文件，并单击“平移”命令，将零件摆放至网板中心，如图 9-16 所示。

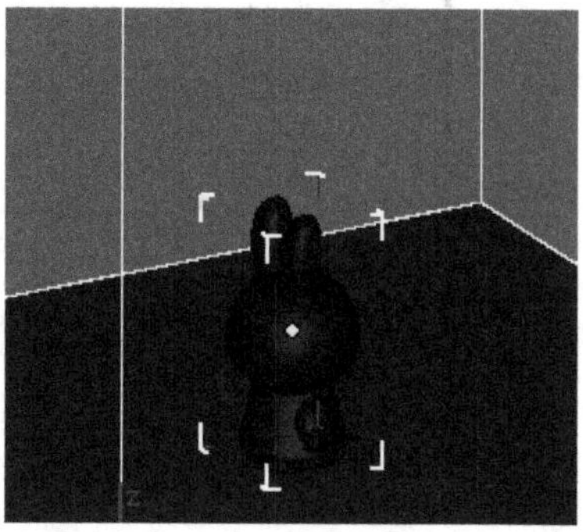
图 9-16　加载零件

2）单击“自动缝合”命令，对生肖兔 STL 格式文件进行检查，并对坏边、坏面进行自动修补，如图 9-17 所示。选择底部作为最佳的成形方向，如图 9-18 所示。

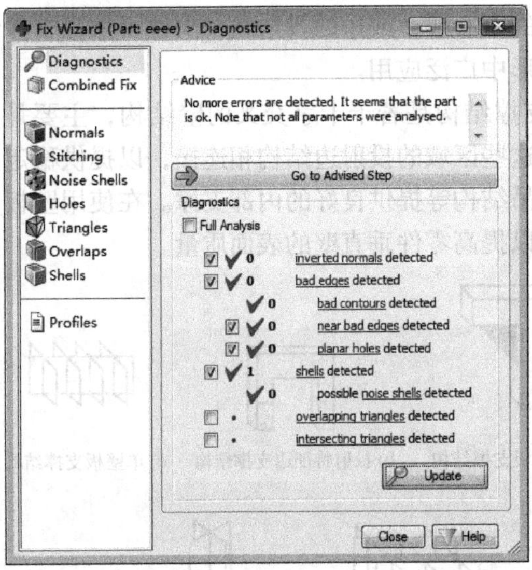

图 9-17　生肖兔“检查及自动修补”对话框

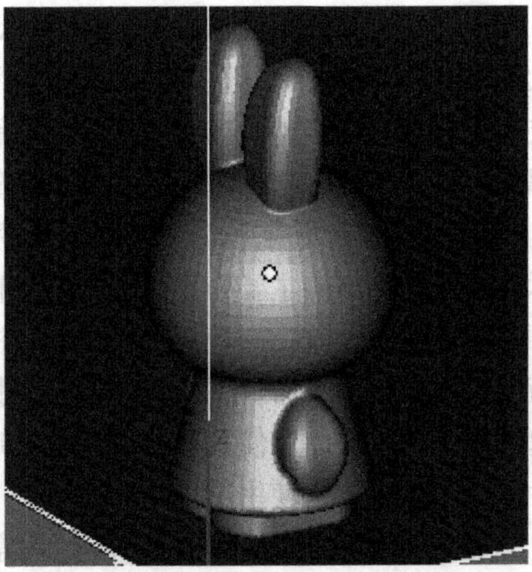

图 9-18　选择最佳成形方向

3）单击“位置摆放”命令，设置支撑结构高度显示，如图 9-19 所示，支撑结构高度取 6.00mm。

4）单击“自动添加支撑”命令，如图 9-20 所示，支撑结构自动加载后检查每个撑部分是否合理，并手工修改及连接，如图 9-21 所示。手动添加完成如图 9-22 所示。

5）对加载的支撑进行仿真分层切片处理，检查模型加工过程中是否有中空部分。将模型和支撑数据保存为 SLC 格式的切片文件。

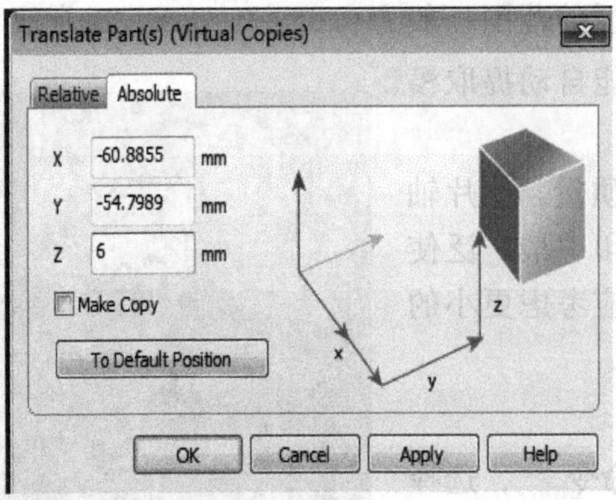

图 9-19　生肖兔“设置支撑”对话框

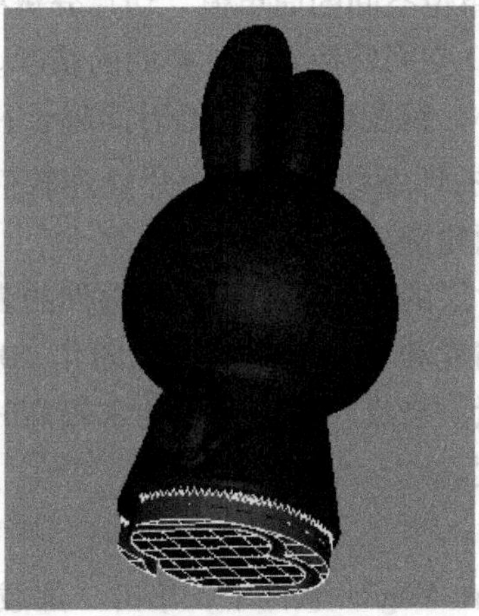

图 9-20　生肖兔加载支撑结构示意图

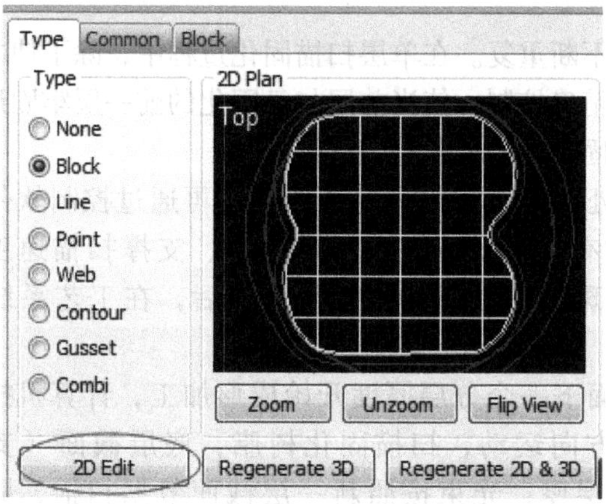

图9-21　生肖兔“加载支撑”结构对话框

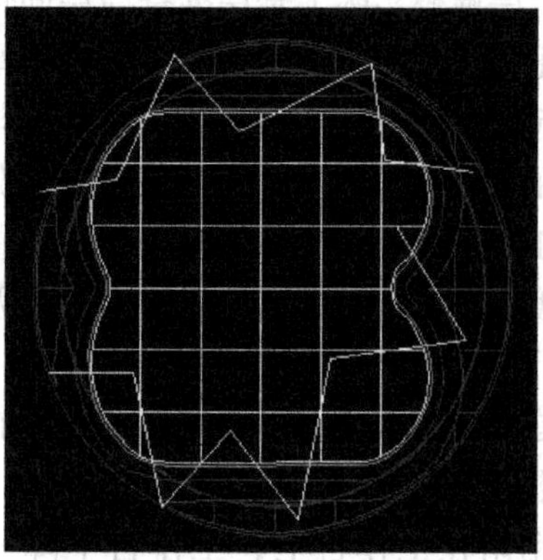

图9-22　手动添加支撑结构完成示意图

9.3　生肖兔光固化（SLA）3D打印原型制作

9.3.1　光固化（SLA）原型制作步骤

1. 层准备

层准备过程是指在获取原型制造数据后，在进行层堆积成形时，扫描每一待固化层液态树脂的准备工作。由于层堆积成形的工艺特点，必须保证每一薄层的精度，才能保证堆积成形后整个模型的精度。层准备通常是通过涂层系统来完成。

层准备有两项要求：一是准备好待固化的一薄层树脂，二是要求保证液面位置的稳定性和液面的平整性。

当一薄层固化完后，为保证液面位置的稳定性和液面的平整性，当前薄层必须下降一层厚的距离，然后在其上表面涂上一层待固化的树脂，且维持树脂的液面处在焦点平面不变或在允许的范围内。这是因为激光束光斑的大小直接影响到单层的精度及树脂的固化特性，所以必须保证扫描区域内各点光斑的大小不变。因为激光束经过一套光学系统聚焦后，焦程是确定的。

保证光斑大小不变的措施是：使树脂液面处于焦点平面，保证焦点平面内扫描区域各点焦程不变。但是由于用双振镜进行平场扫描时，原理上存在焦程误差，所以必须使用动态聚焦镜来补偿这一误差。焦点平面是指当激光光束垂直照射树脂液面时，光束焦点所在的水平面。

2. 层固化

层固化是指在层准备好后，用一定波长的紫外激光按分层所获得的层片信息，以一定的顺序照射树脂液面使其固化为一个薄层的过程。单层固化是堆积成形的基础，也是关键的一步。因此，首先需提供具有一定形状和大小的激光束光斑，然后实现光斑沿液面的扫描。振镜扫描法通过数控的两面振镜反射激光束使其在树脂液面按要求进行扫描，包括轮廓扫描和内部填充扫描，从而实现一个薄层的固化。

3. 层层堆积

层层堆积实际上是层准备与层固化的不断重复。在单层扫描固化过程中，除了使本层树脂固化外，还必须通过扫描参数及层厚的精确控制，使当前层与已固化的前一层牢固地粘结到一起，即完成层层堆积，层层堆积与层固化是一个统一的过程。

在原型制作实际操作时，通过数据处理软件完成数据处理后，再通过控制软件进行制作工艺参数设定。主要制作工艺参数有：扫描速度、扫描间距、支撑扫描速度、跳跨速度、层间等待时间、涂铺控制及光斑补偿参数等。设置完成后，在工艺系统控制下进行固化成形。

首先调整工作台的高度，使其在液面下一个分层厚度开始成形加工，计算机按照分层参数指令驱动镜头使光束沿着 X-Y 方向运动，扫描固化树脂，底层截面（支撑截面）粘附在工作台上，工作台下降一个层厚；光束按照新一层截面数据扫描、固化树脂，同时牢牢地粘结在底层上。依次逐层扫描固化，最终形成实体原型。SLA 3D 打印过程简图如图 9-23 所示。

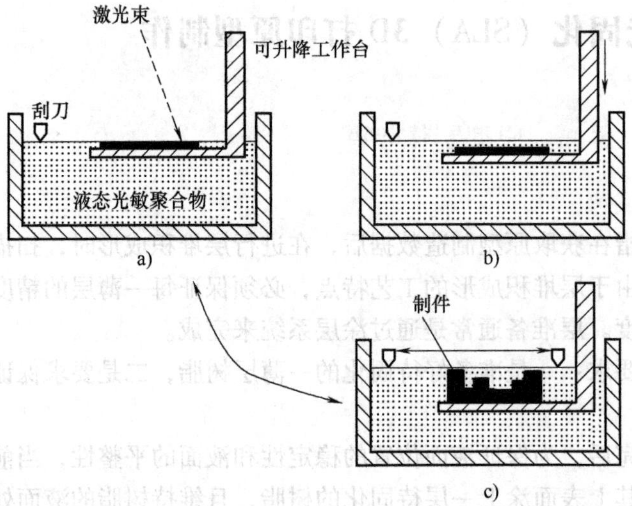

图 9-23 SLA 3D 打印过程简图

9.3.2 生肖兔光固化（SLA）原型制作

本设备为西安交通大学 SPS450B 型 3D 打印机，如图 9-24 所示，材料为光固化树脂。

打开“RP build”软件，先对设备进行调试。

1）清理网板，如图 9-25 所示。

2）调节液面高度，单击“添加树脂“→”液面微调”，如图 9-26 所示。

3）去除液面表面气泡，单击“控制“→”试验涂铺动作”，手动完成涂铺运动，如图 9-27 所示。

4）在光固化 3D 打印设备的计算机上，用 RpBuild 软件加载咖啡机网箱外壳数据的 SLC 文件，如图 9-28 所示。

5）单击“开始制作”，激光来根据生肖兔的切片文件进行扫描加工，完成生肖兔 SLA 快速原型的制作，如图 9-29 所示。

图 9-24 SPS450B 型 3D 打印机

图 9-25 清理网板

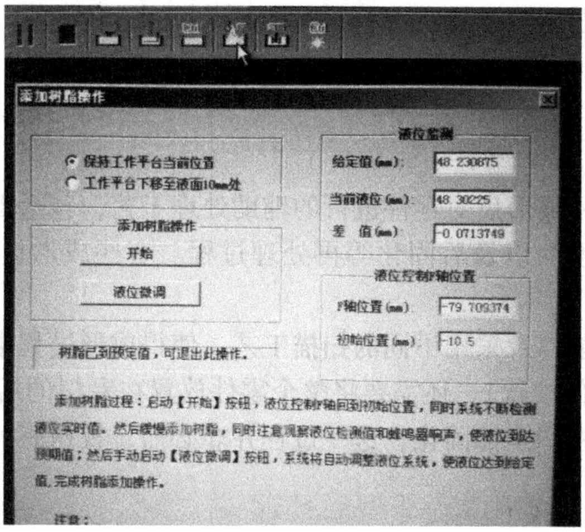

图 9-26 液面微调

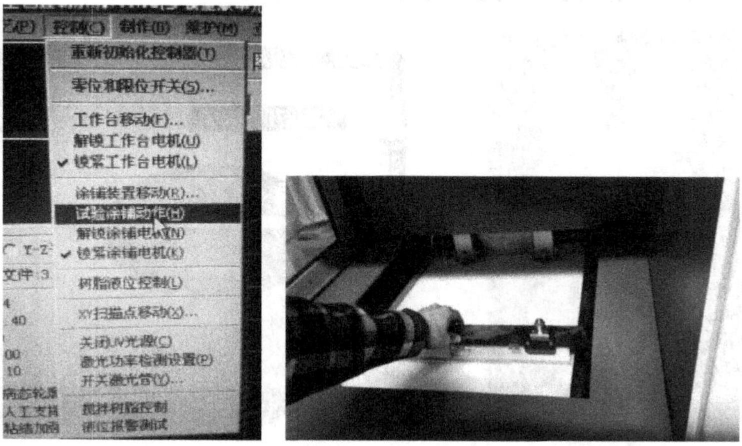

图 9-27 去除液面表面气泡

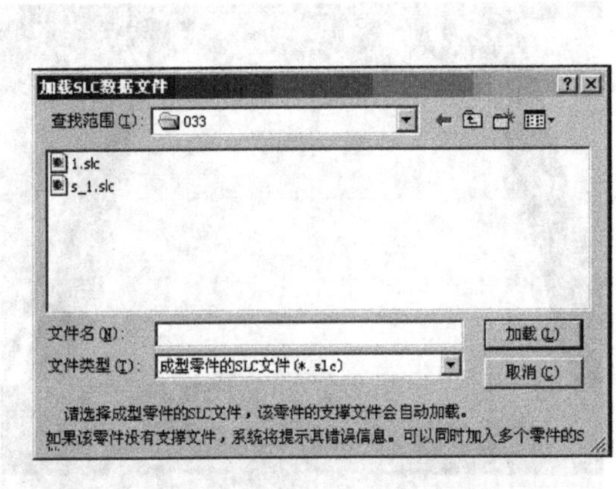

图9-28　加载SLC文件对话框

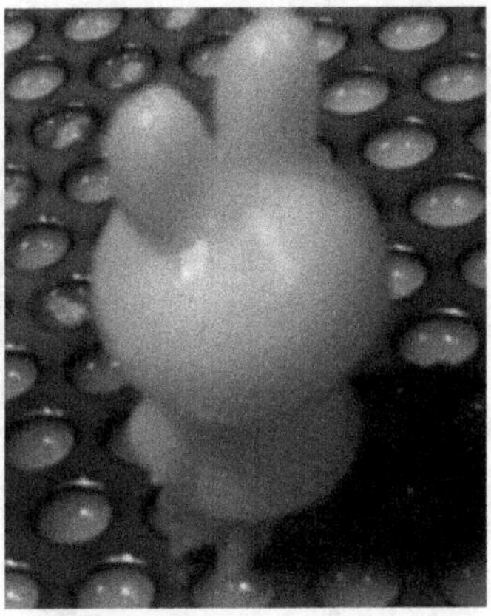

图9-29　生肖兔SLA快速原型

9.4　生肖兔光固化（SLA）3D打印后处理

9.4.1　光固化（SLA）3D打印后处理内容

后处理是指整个零件成形后对零件进行的辅助处理工艺，包括零件的取出、清洗、去除支撑结构、磨光、表面喷涂以及后固化等再处理过程。有些成形设备需对零件进行二次固化，常称为后固化。

由于树脂的固化性能以及采用不同的扫描工艺，使得成形过程中零件实体内部的树脂没有完全固化（表现为零件较软），还需要将整个零件放置在专门的后固化装置中进行紫外光照射，以使残留的液态树脂全部固化，这一过程并非必需，视树脂的性能及工艺而定。

9.4.2　生肖兔光固化（SLA）原型后处理

用工业酒精对原型清洗并去除支撑结构，如图9-30所示。

放入固化箱进行二次固化，固化时间为15min，如图9-31所示。

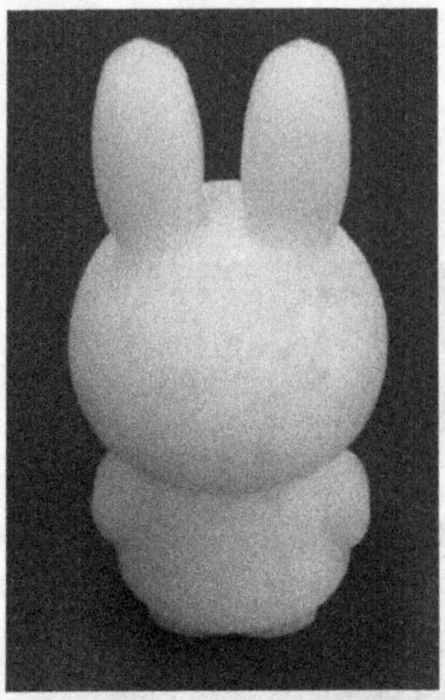

图9-30　后处理后的生肖兔外壳

图9-31　二次固化

9.5 光固化（SLA）3D 打印的优缺点

光固化 3D 打印工艺灵活，由于激光束光斑大小可以控制，所以特别适合成形具有精细结构的零件。

9.5.1 光固化（SLA）3D 打印的优点

1. 可成形任意复杂形状零件

光固化 3D 打印可成形任意复杂形状零件，包括中空类零件，如图 9-32 所示。零件的复杂程度与制造成本无关，且零件形状越复杂，越能体现 SLA 3D 打印的优势。

2. 零件的成形周期与其复杂程度无关

光固化 3D 打印零件的成形周期与其复杂程度无关，常规机械加工方法是零件形状越复杂，工模具制造周期越长，困难越大。而光固化 3D 打印采用分层叠加的方法，成形周期与制件形状无关。

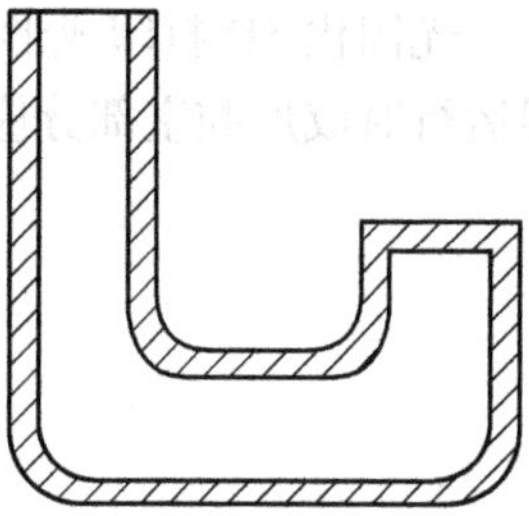

图 9-32　中空类零件

3. 成形精度高

光固化 3D 打印成形精度高，可成形精细结构，如厚度在 0.5mm 以下的薄壁、小窄缝等细微的结构，且成形件的表面质量光滑良好。

4. 自动化程度高

光固化 3D 打印成形过程高度自动化，基本上可以做到无人值守，不需要高水平操作人员。

5. 成形效率高

光固化 3D 打印成形效率高，例如成形一套手机壳体零件仅需 2 ~ 4h。

6. 材料利用率高

光固化 3D 打印成形材料利用率接近 100%。

7. 无需刀具、夹具、工装等生产准备

光固化 3D 打印成形无需刀具、夹具、工装等生产准备，成形件强度高（强度可达 40 ~ 50MPa），可进行切削加工和拼接。

9.5.2 光固化（SLA）3D 打印的缺点

1. 需要支撑结构

光固化 3D 打印需要设计支撑结构，才能确保在成形过程中制件的每一结构部分都能可靠定位。

2. 成形时间长

光固化 3D 打印须对整个截面进行扫描固化，因此成形时间较长。为了节省成形时间，对于封闭轮廓线内的壁厚部分，可不进行全面扫描固化，只按网格线扫描，使制件有一定的强度和刚度。待成形完成，从光固化 3D 打印机上取出工件后，再将工件放入大功率的紫外

箱中进行后固化（一般需 16h 以上），以便得到完全固化的制件。

3. 易翘曲变形

光固化 3D 打印成形过程中有物相变化，所以制件较易翘曲，尺寸精度不易保证，往往需要进行反复补偿、修正。制件的翘曲变形也可以通过支撑结构加以改善。

4. 激光管寿命短

光固化 3D 打印产生紫外激光的激光管寿命仅 2000h 左右，价格昂贵。

5. 制件性能差

液态光敏聚合物固化后的性能不如常用的工业塑料，一般较脆，易断裂，工作温度通常不能超过 100℃，许多还会被湿气侵蚀，导致工件膨胀；抗化学腐蚀的能力不够好，价格昂贵（143 ~240 美元/kg）。

6. 产生刺激性气体

光固化 3D 打印成形固化过程中会产生刺激性气体，有污染，对人体皮肤有害，因此机器运行时成形腔室部分应密闭。

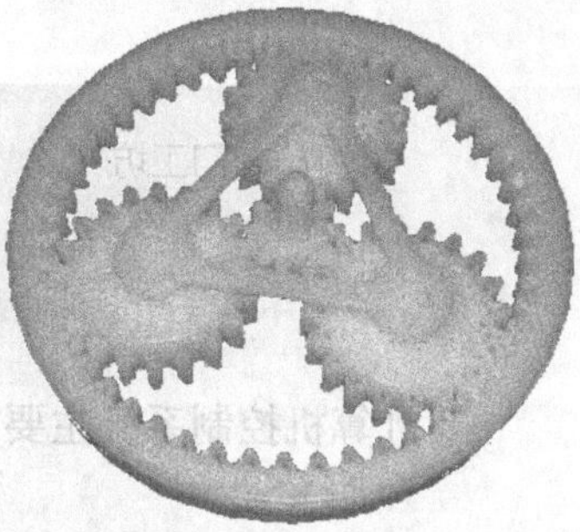

第10章

选择性激光烧结(SLS)3D打印机

10.1 选择性激光烧结（SLS）3D 打印机的结构组成

选择性激光烧结 3D 打印系统一般由主机、控制系统和冷却器三部分组成。

10.1.1 主机

主机主要由成形工作缸、废料桶、铺粉辊装置、送料工作缸、激光器、振镜式动态聚焦扫描系统、加热装置、机身与机壳等组成。

（1）成形工作缸　用于在缸中完成零件加工，工作缸每次下降的距离即为层厚。零件加工后，工作缸升起，以便取出制件和为下一次加工做准备。工作缸的升降由电动机通过滚珠丝杠驱动。

（2）废料桶　用于回收铺粉时溢出的粉末材料。

（3）铺粉辊装置　包括铺粉辊及其驱动系统。其作用是把粉末材料均匀地铺平在工作缸上。

（4）送料工作缸　提供烧结所用的粉末材料。

（5）激光器　提供烧结粉末材料所需要的能源。用于固态粉末烧结的激光器主要有两种，CO_2 激光器和 Nd：YAG 激光器。CO_2 激光器的波长为 10.6μm，Nd：YAG 激光器的波长为 1.06μm。对于常用的陶瓷、金属和塑料固态粉末，选用何种激光器取决于固态粉末材料对激光束的吸收情况。一般金属和陶瓷粉末的烧结选用 Nd：YAG 激光器，而塑料粉末的烧结采用 CO_2 激光器。

（6）振镜式动态聚焦扫描系统　振镜式动态聚焦扫描系统由 X、Y 向扫描头和动态聚焦模块组成。X、Y 向扫描头上的两个镜子在伺服电动机的控制下，把激光束反射到工作面预定的 X、Y 向坐标点上。动态聚焦模块通过伺服电动机调节 Z 向的焦距，使反射到 X、Y 向任意坐标点上的激光束始终聚焦在同一平面上。动态聚焦扫描系统和激光器的控制始终是同步的。

（7）加热装置　加热装置是为送料装置和工作缸中的粉末提供预加热、以减少激光能量的消耗和零件烧结过程中的翘曲变形。

（8）机身与机壳　机身和机壳为整个 3D 打印系统提供机械支撑和所需的工作环境。

10.1.2 计算机控制系统

计算机控制系统主要由计算机、应用软件、传感检测单元和驱动单元组成。

1. 计算机

计算机一般采用上位机和下位机两级控制，其中上位主控机一般采用配置高、运算速度快的计算机，称为主机。下位执行机构采用配置相对低的计算机，称为子机。主机、子机以特定的通信协议进行双向通信，构成并联的双层系统。整个控制系统设计带有分布式控制系统的特征。为提高数据传输速度和可靠性，依靠双向通信规则，主机向子机传输数据采用外设方式。通过并行控制的总体结构和多处理器主从式交互通信的控制方式，实现多重复杂控制任务的高效并行协调运动。

主机完成CAD数据处理和总体控制任务，主要功能有：

1）从CAD模型生成符合3D打印工艺特点的数控代码信息。

2）将获得的数控信息代码传给子机。

3）对成形情况进行监控并接收运动参数的反馈，必要时通过子机对3D打印设备的运动状态进行干涉。

4）实现人机交互，提供真实感原型三维CAD模型显示和运动轨迹的实时显示。

5）提供可选加工参数设置，满足不同材料和加工工艺的要求。

子机进行成形运动控制，即机电一体运动控制。它按照预定的顺序与主机相互触发，接收控制命令和运动参数等数控代码，对运动状态进行控制。

2. 应用软件

应用软件应包括以下模块：

1）切片模块：包括基于STL文件和直接切片文件两种模块。

2）数据处理：具有STL文件识别及重新编码，容错及数据过滤切片，STL文件可视化，原型制作实时动态仿真功能。

3）工艺规划：具有多种材料烧结工艺模块（包括烧结参数、扫描方式和成形方向等）。

4）安全监控：设备和烧结过程故障诊断，故障自动停机保护等。

3. 传感检测单元

传感检测单元包括温度、氮气浓度和工作缸升降位移传感器。温度传感器用来检测工作腔和送料筒粉末的预热温度（预热温度可分别自动调节），以便进行实时控制。氮气浓度传感器用来检测工作腔中的氮气浓度，以便控制在预定的范围内，防止零件加工过程中被氧化。

4. 驱动单元

驱动单元主要控制各种电动机完成铺粉辊的平移和自转、工作缸的上升下降和振镜式动态聚焦扫描系统X、Y、Z轴的驱动。

10.1.3 冷却器

3D打印机冷却器由可调恒温水冷却器及外管路组成，用于冷却激光器，以提高激光能量的稳定性。某型号SLS3D打印机如图10-1所示。SLS3D打印机具有

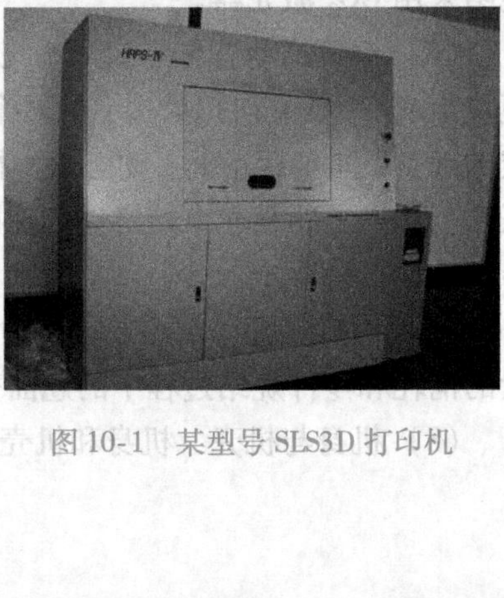

图10-1 某型号SLS3D打印机

如下特点：

1）扫描系统最大扫描速度为4m/s，激光定位精度小于50μm。

2）激光器具有稳定性好、可靠性高、模式好、寿命长、功率稳定、可更换气体、性能价格比高等特点，并配以全封闭恒温水循环冷却系统。

3）切片模块具有 HRPS-STL（基于 STL 文件）和 HRPS-PDSLice（基于直接切片文件）两种模块，由用户选用。

10.2　选择性激光烧结（SLS）3D 打印机的维护与保养

10.2.1　选择性激光烧结（SLS）3D 打印机的安装与使用环境要求

某型号 SLS 3D 打印机的安装和环境要求如下，技术参数要求见表 10-1。

1）设备重 970kg（含覆膜砂），放置地必须有足够的承载能力。

2）环境温度：20～28℃。

3）环境湿度：≤40%。

4）工作电源：三相五线制 AC：380V，50Hz；接地电阻≤4Ω。

表 10-1　某型号 SLS 3D 打印机的技术参数

项　　目	技 术 参 数
成形技术	SLS
X 轴成形尺寸	400mm
Y 轴成形尺寸	400mm
Z 轴成形尺寸	350mm
成形精度（mm）	≤100mm 时，精度为 ±0.2mm；成形尺寸 > 100mm 时，精度为 ±0.4mm
扫描速度	2000～6000mm/s
分层厚度	0.15～0.35mm
电压	AC 380V，50Hz
设备功率	6kW
外形尺寸	1900mm × 1100mm × 1900mm
粉末加热温度	60℃
工作噪声	60～80dB

10.2.2　选择性激光烧结（SLS）3D 打印机的维护与保养

1. 擦拭反光镜

使用时间久后，反光镜可能会有空气中的杂质附着在反光镜的镜面上，这样会导致出件时工作面激光功率大大衰减，导致固化效果差，强度低。使用擦镜纸，蘸取少数无水乙醇沿同一方向擦拭反光镜。在擦拭过程中不要使反光镜片和反光镜座移动。如图 10-2 所示。

2. 清理冷水机过滤器和吸尘器

对激光器和振镜进行冷却保护的冷水机，必须使用蒸馏水，且每月更换一次。

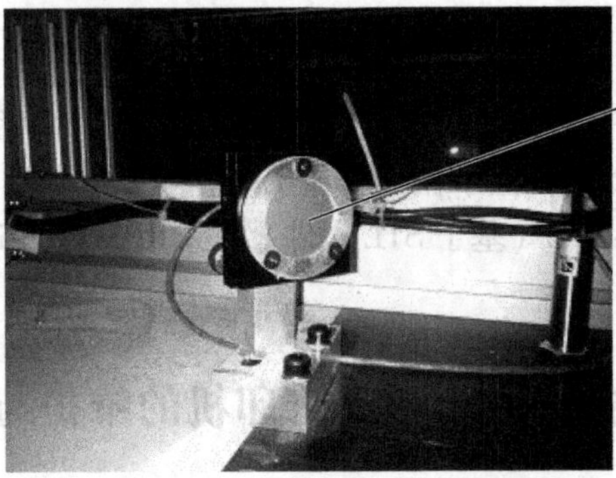

图 10-2 擦拭反光镜

3. 清砂和滤砂

每次做完工件，将设备里面的所有粉末材料（覆膜砂）进行过滤处理，清除杂质，不再出件时，需放入密封容器，防止吸潮结块。

4. 通风和清理除湿机的水

SLS 激光烧结机使用的材料是粉末材料（覆膜砂），在操作及烧结过程中会产生烟尘，操作人员需佩戴口罩和手套，且将排烟管接到室外。

激光烧结机需要的环境比较严格，操作间的湿度不能大，温度最好控制在 20～30℃之间；使用除湿机时，要定期将里面的水倒掉。

5. 排除故障

1）打开操作软件并加载数据，如果软件出现异常，可关闭软件并重启计算机。

2）单击“开始制作”，如果扫描区域没有固化现象，先检查光路：激光是否正常，光线是否射在反光镜中心，是否射在振镜入光孔中心。如果出现问题，需做调整。调整时，为了避免出现危险，需将激光器功率降 3～5W。注意：该调整只能由专业人员进行，没有经过培训，不可进行该项操作。

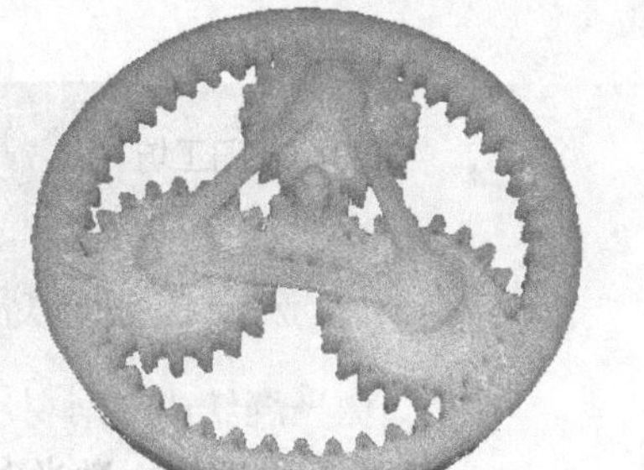

第11章

视频头选择性激光烧结 (SLS) 3D打印成形

11.1 选择性激光烧结（SLS）3D 打印技术

选择性激光烧结（SLA）工艺又称选区激光烧结（简称 SLS）工艺。它由美国德克萨斯大学奥汀分校于 1989 年研制成功，并被美国 DTM 公司商品化。

SLS 工艺是利用粉末材料（金属粉末或非金属粉末）在激光下烧结的原理，在计算机控制下层层堆积成形。SLS 的原理与 SLA 非常相似，主要区别在于所使用的材料及其形状。

11.1.1 选择性激光烧结（SLS）3D 打印的原理

粉末材料选择性激光烧结 3D 打印系统的原理图如图 11-1 所示。

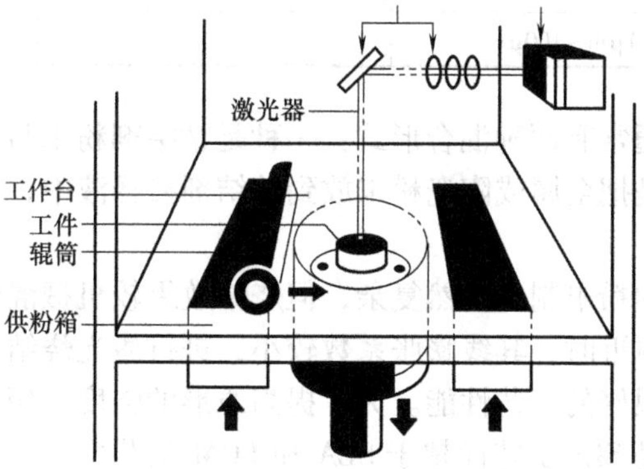

图 11-1 粉末材料选择性激光烧结 3D 打印系统的原理图

成形时，先在工作台上用辊筒铺一层加热至略低于熔化温度的粉末材料，然后，激光束在计算机的控制下，按照截面轮廓的信息，对实心部分所在的粉末进行扫描，使粉末的温度升到熔化点，于是粉末颗粒熔化，相互粘结，逐步得到本层轮廓。在非烧结区的粉末仍呈松散状，作为工件和下一层粉末的支撑结构。一层成形完成后，工作台下降一截面层的高度，再进行下一层的铺料和烧结，如此循环，直至完成整个三维原形。

和其他 3D 打印工艺过程一样，粉末选择性激光烧结 3D 打印工艺过程也分为前处理、原形制造及后处理三个阶段。

11.1.2 选择性激光烧结（SLS）3D 打印的材料

1. 激光烧结成形对材料性能的要求

由成形原理知，激光对材料的作用本质上是一种热作用，所有受热后能相互粘结的粉末材料或表面覆有热塑（固）性粘结剂的粉末都有可能作为 SLS 的材料。但要真正适合 SLS 烧结，要求粉末材料应满足以下要求：

1）具有良好的烧结成形性能，即无需特殊工艺即可快速精确地成形原型。

2）对直接用作功能零件或模具的原型，其力学性能和物理性能（如强度、刚性、热稳定性、导热性及加工性能）要满足使用要求。

3）当原型间接使用时，要有利于快速、方便地进行后处理和加工。

2. 激光烧结成形材料的种类

用于 SLS 工艺的材料是各种粉末，如金属、陶瓷、石蜡以及聚合物的粉末，如尼龙粉、覆裹尼龙的玻璃粉、聚碳酸脂粉、聚酰胺粉、蜡粉、金属粉（成形后常需进行再烧结和渗铜处理）、覆裹热凝树脂的细沙、覆蜡陶瓷粉和覆蜡金属粉等，近年来更多地使用复合粉末。

工程上一般按粒度的大小来划分颗粒等级，见表 11-1。SLS 工艺采用的粉末粒度一般在 50～125μm 之间。

表 11-1　工程上粉末颗粒等级划分及相应的粒度范围

颗粒等级	粒度范围	颗粒等级	粒度范围
粒体	>10mm	细粉末或微粉末	10nm～1μm
粉粒	100μm～10mm	超微粉末	<10nm
粉末	1μm～100μm		

间接 SLS 用的复合粉末通常有两种混合形式：一种是粘结剂粉末与金属或陶瓷粉末按一定比例机械混合；另一种则是把金属或陶瓷粉末放到粘结剂稀释液中，制取具有粘结剂包覆的金属或陶瓷粉末。

实验表明，粘结剂包覆的粉末制备虽然复杂，但烧结效果较机械混合的好。当烧结环境温度控制在聚碳酸酯软化点附近时，其线膨胀系数较小，进行激光烧结后，被烧结的聚碳酸酯材料翘曲变形较小，具有很好的工艺性能。为了提高原形的强度，用于 SLS 工艺材料的研究转向金属和陶瓷，这也正是 SLS 工艺优越于 SLA 和 LOM 工艺之处。较为成熟的用于 SLS 工艺常用的材料见表 11-2。

表 11-2　SLS 工艺常用的材料及其特性

材料	特性
石蜡	主要用于失蜡铸造、制造金属型
聚碳酸酯	坚固耐热、可以制造微细轮廓及薄壳结构，也可用于熔模制造，正逐步取代石蜡
尼龙、纤维尼龙、合成尼龙（尼龙纤维）	它们都能制造可测试功能零件，其中合成尼龙制件具有最佳的力学性能
钢铜合金	具有较高的强度，可做注射模

11.2　视频头选择性激光烧结（SLS）3D打印前处理

11.2.1　视频头逆向建模过程

1. 数据获取

（1）标志点的粘贴　将标志点贴纸随机贴到黑色转台上（标志点的贴放不能形成规律性），如图11-2所示。

图11-2　标志点粘贴

（2）点云扫描

1）打开Win 3D扫描系统新建一个工程文件，将视频头摆放好，可以用油泥作为辅助材料，尽量让标志点多显露出来，然后按空格键进行扫描操作，如图11-3所示。

2）对视频头进行不同角度的扫描，最后得到部分点云数据结果，如图11-4所示。

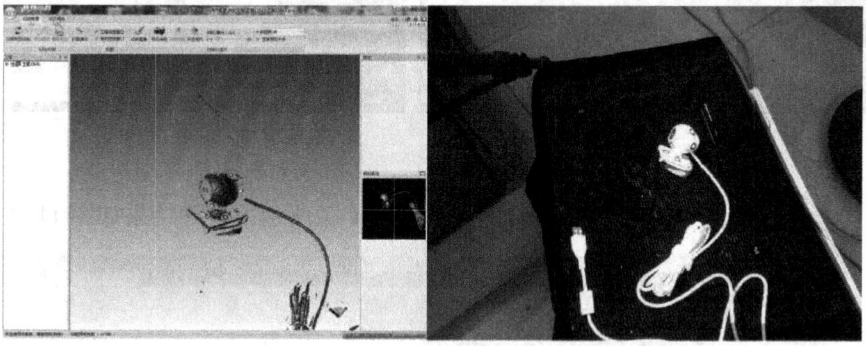

图11-3　视频头点云扫描

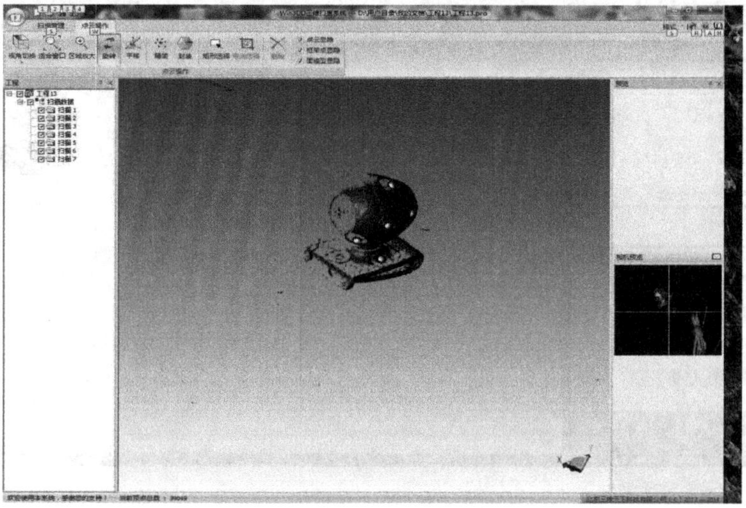

图11-4　视频头多角度扫描

3）经过多角度的扫描后得到一个方向的点云数据，文件保存为 asc 格式。

使用同样方法把视频头的另一个方向的点云数据进行采集，最后得出两个点云文件“1”和“2”，如图 11-5 所示。

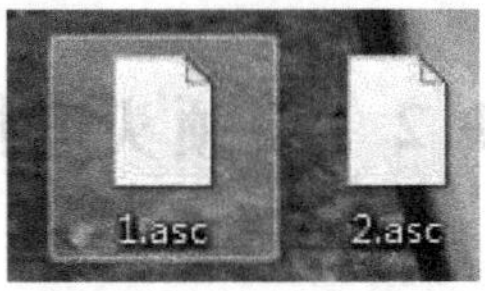

图 11-5　视频头点云文件

2. 点云数据的处理

打开 Geomagic Studio 2010 软件将扫描得到的文件 1 和 2 同时拖进软件，然后单击“N 点对齐”，找到相同点（大概位置），在相同点上会出现相同的数字，我们需要 3～4 个相同点即可，如图 11-6 所示。

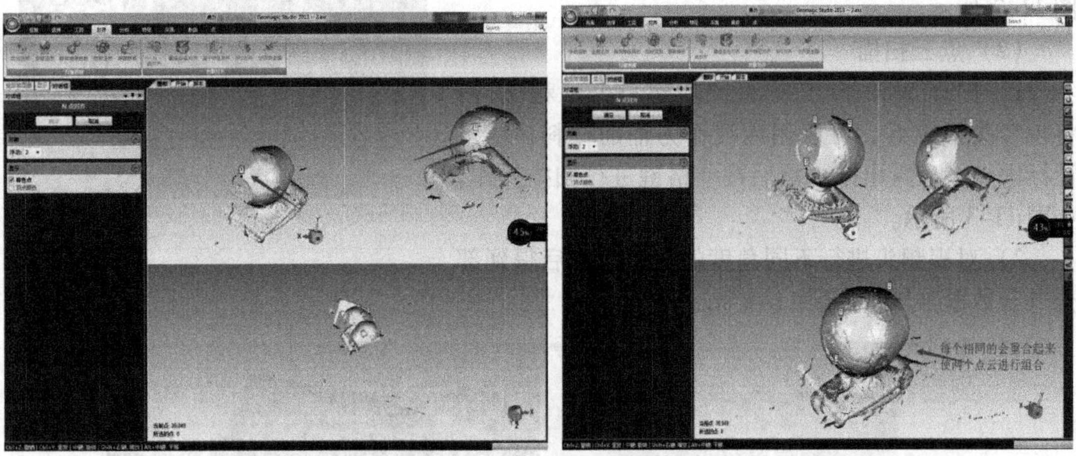

图 11-6　视频头点云合并

进入“全局注册”，单击“确定”即可，如图 11-7 所示，最终结果如图 11-8 所示。

图 11-7　视频头全局注册

3. 建立视频头的三维模型

使用 NX10.0 软件进行视频头的逆向建模，主要操作步骤如下：

（1）新建文件　选择下拉菜单文件（F）→“新建”（N）命令，系统弹出“新建”对话框。在模型选项卡的“模板”区域中选择“模板类型”为“模型”，在“名称”文本框中输入文件名称“tank-shell”，单击 确定 按钮，进入建模环境。

（2）导入视频头文件　导入视频头文件，如图 11-9 所示。

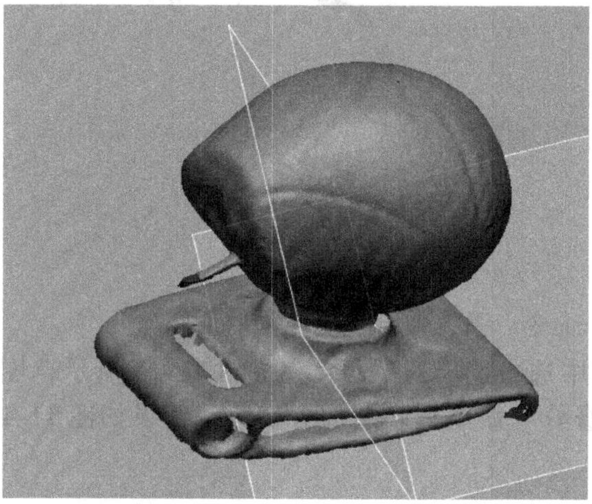

图 11-8　视频头扫描最终效果图

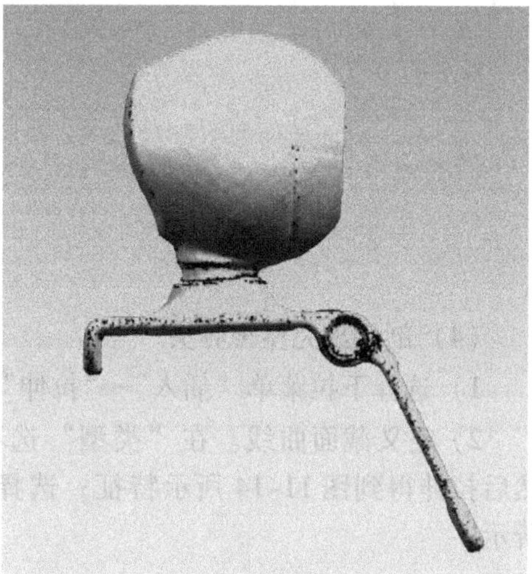

图 11-9　视频头文件导入 NX10.0 软件

（3）逆向建模——截面

1）选择下拉菜单“插入”→“截面”命令，如图 11-10 所示。

2）绘制草图。

① 绘制截面草图。单击“旋转”对话框中的“绘制草图”按钮，系统弹出“创建草图”对话框。

② 定义草图平面。单击按钮，选取 ZX 基准平面为草图平面，选中“设置”区域的☑创建中间基准 CSYS复选框，单击 确定 按钮。

③ 进入草图环境，绘制图 11-11 所示的截面草图。

④ 单击“完成草图”命令，或单击“完成草图”按钮，退出草图环境。

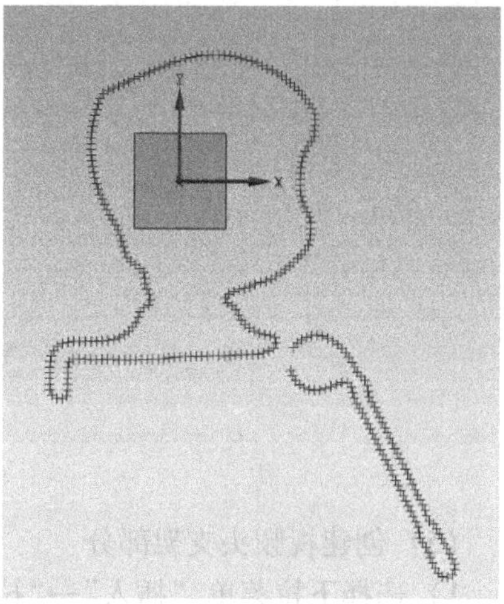

图 11-10　截面

3）定义旋转特征。指定截面 1，指定旋转中心轴 2，其他参数采用系统默认设置。

4）单击 确定 按钮，完成旋转特征的创建，如图 11-12 所示。

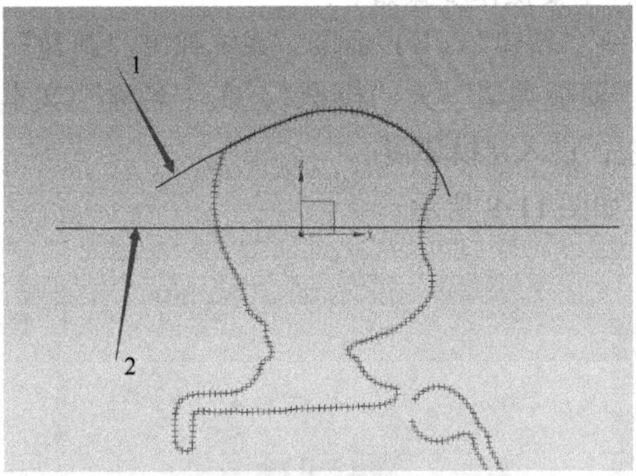

图 11-11　草图

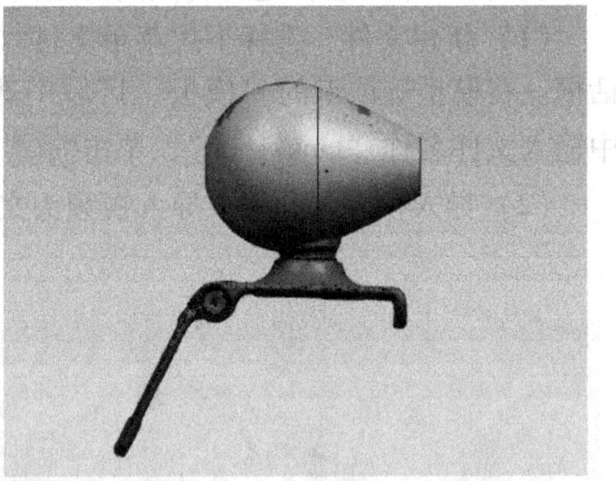

图 11-12　旋转特征

(4) 剖切出完整视频头

1) 选择下拉菜单“插入”→“拉伸” 命令，系统弹出“拉伸”对话框。

2) 定义截面曲线。在“类型”选项框中选中选定的平面，完成图 11-13 所示草图，然后拉伸得到图 11-14 所示特征；选择“修剪”命令把多余部分切除，结果如图 11-15 所示。

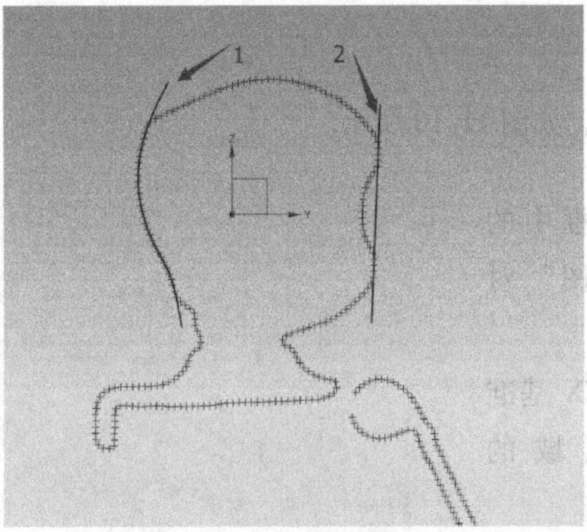

图 11-13　草图特征

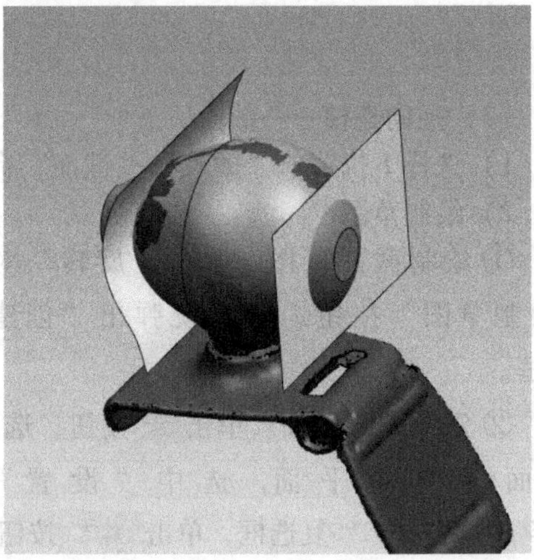

图 11-14　拉伸特征

(5) 创建视频头支架部分

1) 选择下拉菜单“插入”→“拉伸”命令，系统弹出“拉伸”对话框。

2) 绘制拉伸草图，其他参数采用系统默认设置。

3) 单击 确定 按钮，完成支架板面的创建，如图 11-16 所示。

图 11-15　切除多余部分的视频头

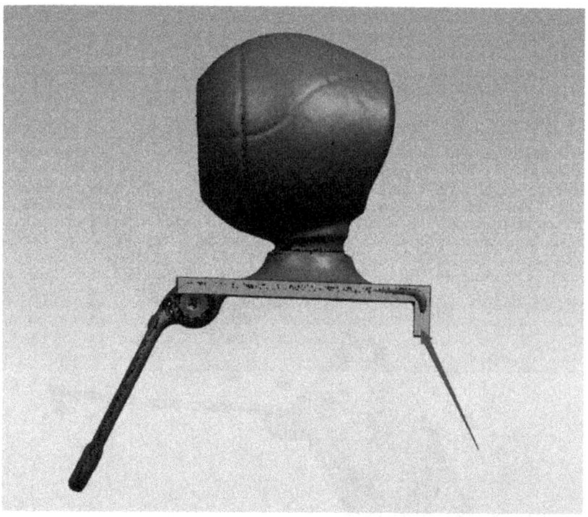

图 11-16　视频头支架拉伸

4）单击“圆角”按钮，完成支架板面细节的创建，如图 11-17 所示。

（6）创建视频头支架活板特征

1）选择下拉菜单“插入”→“拉伸”命令，系统弹出“拉伸”对话框。

2）绘制拉伸草图，其他参数采用系统默认设置。

3）单击 确定 按钮，完成支架活板面的创建，如图 11-18 所示。

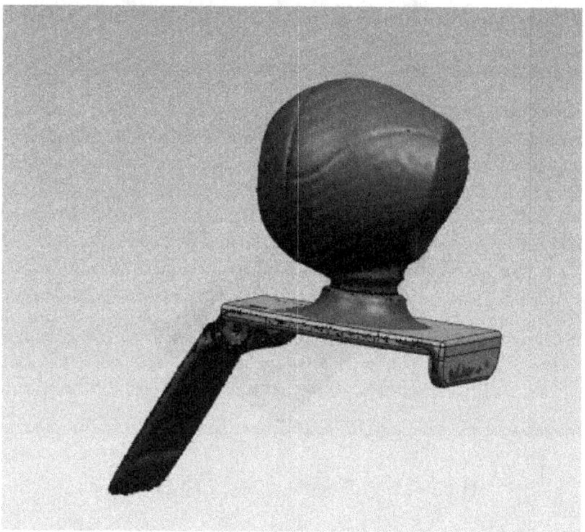

图 11-17　视频头支架倒圆

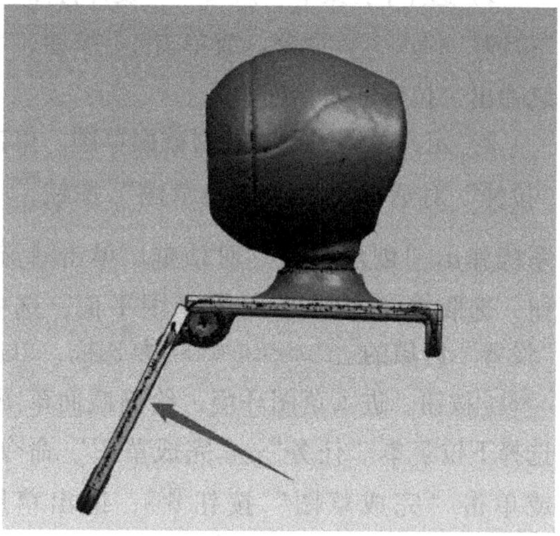

图 11-18　视频头支架活板

4）单击“圆角”按钮，完成支架活板面细节的创建，如图 11-19 所示。

（7）创建视频头支架轴件

1）选择下拉菜单“插入”→“旋转”命令，系统弹出“旋转”对话框。

2）绘制截面草图，其他参数采用系统默认设置。

3）单击 确定 按钮，完成支架转轴的创建，如图 11-20 所示。

图 11-19　视频头支架活板圆角

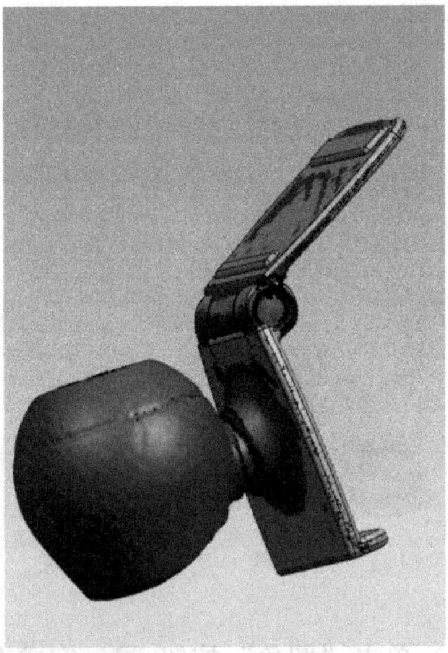

图 11-20　视频头支架转轴

4）单击“圆角”按钮，完成支架转轴细节的创建，如图 11-21 所示。

（8）创建支架连接位拉伸特征

1）选择下拉菜单“插入”→“设计特征”→“拉伸”（E）命令，或单击按钮，系统弹出“拉伸”对话框。

2）定义草图平面，绘制截面草图。单击“拉伸”对话框中的“绘制草图”按钮，系统弹出“创建草图”对话框。单击按钮，选取 X-Y 基准平面为草图平面，选中“设置”区域的☑创建中间基准 CSYS复选框，单击确定按钮。进入草图环境，绘制截面草图，选择下拉菜单“任务”→“完成草图”命令，或单击“完成草图”按钮，退出草图环境。

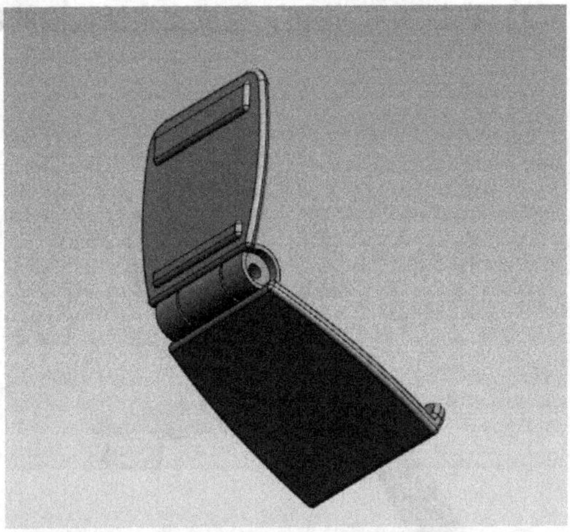

图 11-21　视频头支架转轴细节

3）定义拉伸特征。在方向下拉菜单的指定矢量中选取 ZC 轴，在“拉伸”对话框“限制区域”的“开始”下拉列表中选择“值”选项，并在“距离”文本框中输入值“-32”，在“限制区域”的“结束”下拉列表中选择“值”选项，并在“距离”文本框中输入值“53”，在布尔区域“布尔”选项框内选取“求差”，并选取箭头部位，其他参数采用系统默认设置。

4）单击确定按钮，完成创建拉伸特征 9，如图 11-22 所示。

（9）创建视频头底托体操作

1）选择下拉菜单“插入”→“设计特征”→“拉伸”（E）命令，或单击按钮，系统弹出“拉伸”对话框。完成拉伸实体，如图 11-23 所示。

2）选择下拉菜单“插入”→“修剪”→“修剪体”命令，或单击修剪体按钮，系统弹出“修剪体”对话框。

3）定义修剪体。在修剪体对话框“目标”下拉列表选项框中选取图 11-23 所示圆柱体，在“工具”下拉列表选项框内选取面或平面，其他参数采用系统默认设置。

4）单击 确定 按钮，完成修剪体操作。

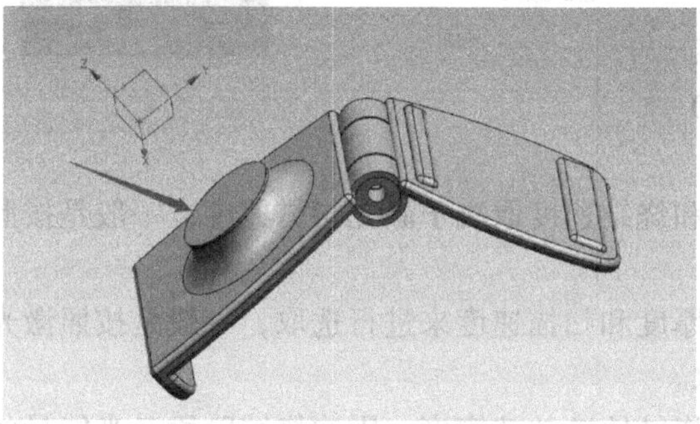

图 11-22　拉伸特征 9

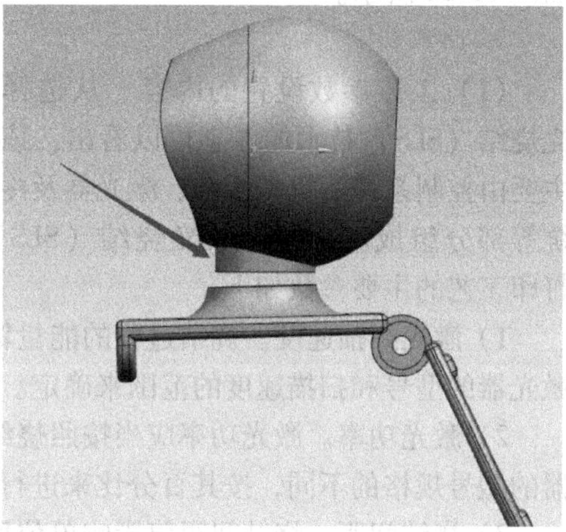

图 11-23　修剪体

（10）创建视频头与支架连接球操作　选择下拉菜单“插入”→“设计特征”→“球体” 球 命令，或单击按钮，系统弹出“球”对话框。完成连接球实体，如图 11-24 所示。

（11）完成视频头逆向建模　创建视频头与支架细节操作，完成视频头逆向建模，如图 11-25 所示。

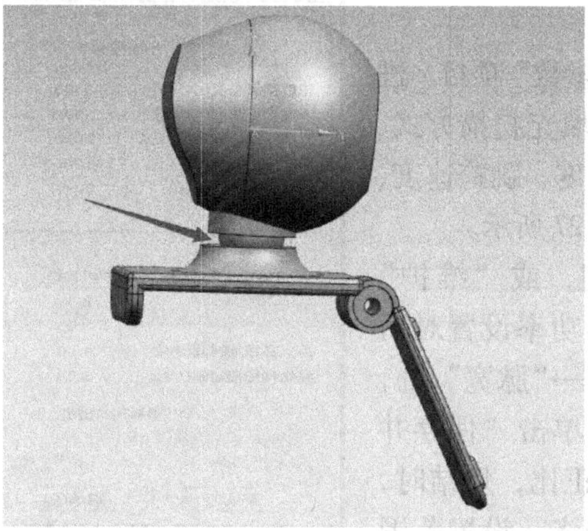

图 11-24　连接球

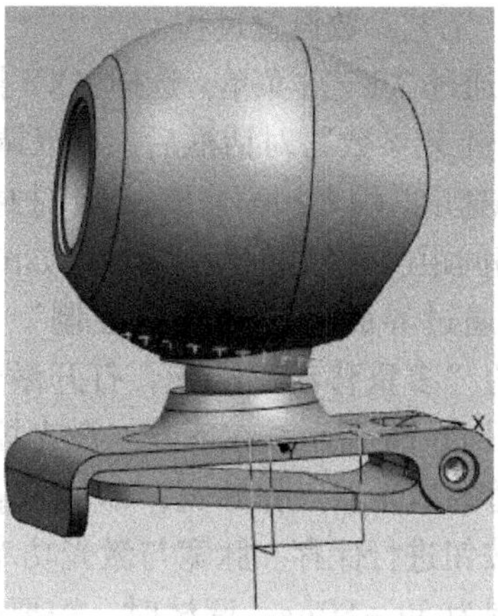

图 11-25　完整的视频头模型

11.2.2 视频头选择性激光烧结（SLS）3D 打印其他前处理环节

1. 模型制作

在开始制作模型之前，先将视频头 CAD 模型经过数据处理软件切片处理，得到其切片描述文件（后缀名为 SLC），并确认了解所需的工艺参数，双击运行 SLS Build 软件。

2. 模型加载

单击“文件”→“加载 SLC 数据文件”，打开“文件选择”对话框，加载视频头模型，如图 11-26 所示。

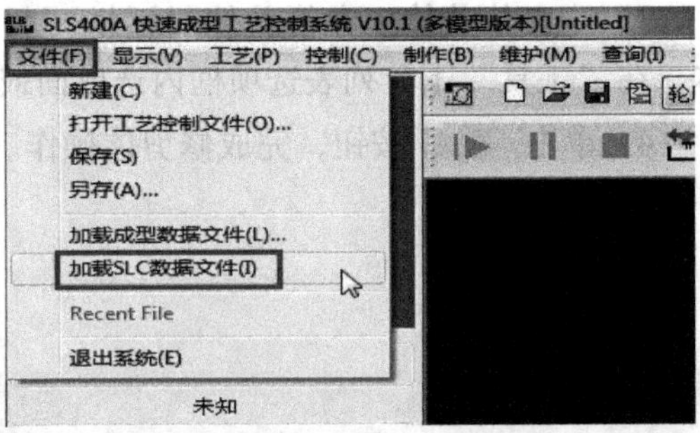

图 11-26 加载视频头 SLC 数据

3. 参数调整

（1）工艺参数设置的内容 从选择性激光烧结（SLS）技术的原理可以看出，该系统主要由控制系统、机械系统、激光器及冷却系统等部分组成。选择性激光烧结（SLS）3D 打印工艺的主要参数如下：

1）激光扫描速度。烧结过程的能量输入和烧结速度取决于激光扫描速度，一般是按照激光器的型号和扫描速度的范围来确定。

2）激光功率。激光功率应当按照烧结层厚度和扫描速度来进行选取，一般是按照激光器的型号规格的不同，按其百分比来进行选取。

3）烧结间距。烧结间距值影响单位面积烧结轨迹的疏密度，影响烧结阶段激光能量的输入。

4）切片厚度。切片厚度对烧结制件的烧结时间和其表面质量有重要作用，切片厚度变小烧结制件的台阶纹也变小，其表面质量较好，也接近于零件的实际形状，但烧结时间会变长；同时切片（单层）厚度对激光能量的需求也产生一定的影响。

5）扫描方式。扫描方式是激光束在“画”烧结件切片轮廓轨迹时所遵守的规则，对烧结效率和表面质量有一定的作用。

（2）工艺参数设置过程

1）通过“工艺”菜单，选择“XY 扫描参数”项目。进入“制作工艺参数”对话框后，可以调整 填充扫描方式、轮廓扫描速度、填充扫描速度、支撑扫描速度、跳跨速度、填充栅格间距、填充层间距等参数，如图 11-27 所示。

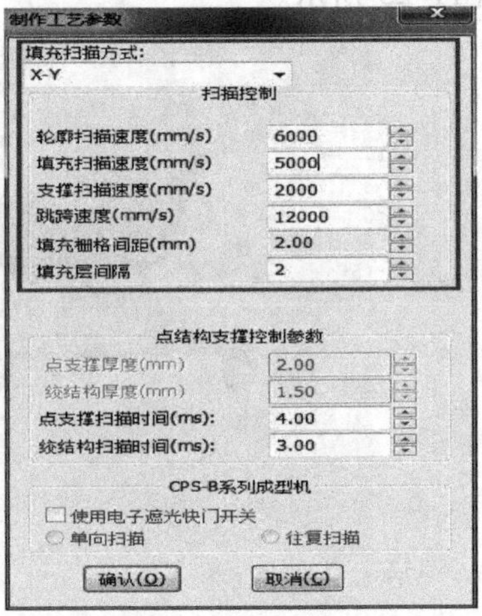

图 11-27 设置工艺参数

2）通过界面上的“设备控制”按钮，或“维护”菜单中的“多重移动”功能，打开激光器功率设置对话框，如图 11-28 所示。在下方“激光控制”→“脉宽”处，设置合适的激光器工作脉宽，单位为 μs。单击“保存并关闭”按钮进行保存。脉宽与激光功率成正比，烧结时，设置范围为 50 ~ 80μs，调试时，需要用弱光，设置范围为 3 ~ 5μs。

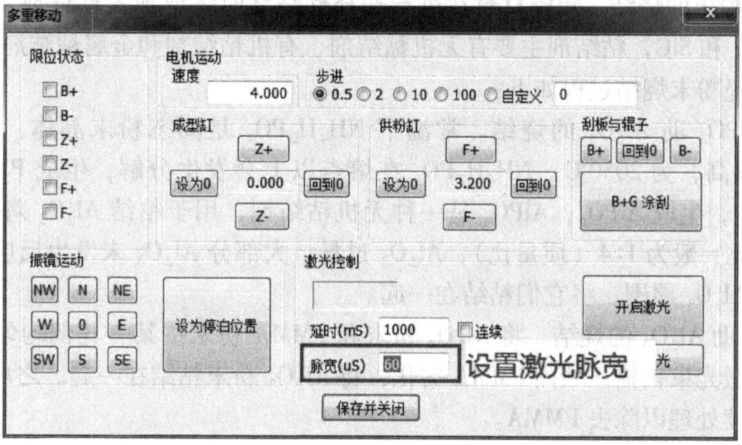

图 11-28　激光器功率设置

11.3　视频头选择性激光烧结（SLS）3D 打印原型制作

11.3.1　选择性激光烧结（SLS）3D 打印原型制作的内容

1. 选择性激光烧结（SLS）3D 打印原型制作过程

（1）预热　由于粉末烧结是材料在较高的熔化温度下进行的，为了提高烧结效率和改善烧结质量，需要首先达到临界温度，因此，在烧结前应对成形系统预热。

（2）原形件烧结　在预热完成后，对烧结参数进行选择和确定，再按照确定的工艺参数自动完成对原型烧结件的所有切片层的烧结和堆积。当所有叠层自动烧结叠加完毕后，需要将原型在成形缸中缓慢冷却至40℃以下，取出原型并进行后处理。

粉末材料选择性烧结工艺的原材料一般为粉末，可选用的粉末一般为金属粉末、陶瓷粉末和塑料粉末等。

2. 粉末材料选择性烧结的烧结工艺

（1）金属粉末的烧结　原材料为金属粉末经过 SLS 工艺可以烧结成金属原型零件，目前直接由 SLS 工艺烧结成的金属零件在强度和精度上很难达到理想的结果。

用于 SLS 工艺的金属粉末主要有三种：单一金属粉末、金属混合粉末、金属粉末与有机粘结剂粉末的混合体。相应地，金属粉末的选择性烧结方法也有三种：

1）单一金属粉末烧结：先将金属粉末预热到一定温度，再用激光束扫描、烧结。烧结好的制件经热等静压处理，可使最后零件的密度达到 99.9%。

2）金属混合粉末烧结：主要是由较低熔点的金属和较高熔点的金属两种金属粉末混合。先将金属混合粉末预热到一定的温度，再用激光束进行扫描，使低熔点的金属粉末熔化，将高熔点的金属粘结在一起。烧结好的制件再经后处理，最后制件的密度可达 82%。

3）金属粉末与有机粘结剂粉末的混合体烧结：将金属粉末和有机粘结剂按一定比例均匀混合，激光束扫描后使有机粘结剂熔化，熔化的有机粘结剂可以将金属粉末粘结在一起。烧结好的制件再经过高温后续处理，一方面能除去制件中的有机粘结剂，另一方面可以提高制件的耐热强度和力学强度，并能增加制件内部组织和性能的均匀性。

（2）陶瓷粉末的烧结　陶瓷材料在进行选择性烧结时需要加入粘结剂。常用的陶瓷粉末材料有 Al_2O_3 和 SiC，粘结剂主要有无机黏结剂、有机粘结剂和金属粘结剂三种。

常用的陶瓷粉末烧结过程如下：

1）$NH_4H_2PO_4$ 助 Al_2O_3 的烧结。常温下 $NH_4H_2PO_4$ 是固态粉末晶体，熔点为 190℃，Al_2O_3 的熔点很高，为 2050℃。$NH_4H_2PO_4$ 在熔点以上会发生分解，生成 P_2O_5，P_2O_5 会和 Al_2O_3 发生反应，生成 $AlPO_4$，$AlPO_4$ 是一种无机粘结剂，用于粘结 Al_2O_3 陶瓷。$NH_4H_2PO_4$ 和 Al_2O_3 的配比一般为 1∶4（质量比），Al_2O_3 过量，大部分 Al_2O_3 未发生反应。反应生成的 $AlPO_4$ 包围在 Al_2O_3 周围，将它们粘结在一起。

2）PMMA 助 Al_2O_3 的烧结。将 Al_2O_3 粉末和 PMMA 粉末按某一比例均匀混合，控制好激光参数，使激光束扫描区域内 PMMA 熔化，将 Al_2O_3 粉末粘结在一起。之后，对激光烧结的制件进行后续处理以除去 PMMA。

3）Al 助 Al_2O_3 的烧结。将 Al 与 Al_2O_3 以一定比例均匀混合，控制激光参数，使激光束扫描区域内 Al 熔化，熔化的 Al 将 Al_2O_3 粉末粘结在一起，也有一部分 Al 在激光烧结过程中氧化成 Al_2O_3，同时释放大量的热量，这些热量又促进 Al_2O_3 熔融、粘结。这也是一种自蔓延烧结过程。

（3）塑料粉末的烧结　将塑料粉末预热至稍低于其熔点，然后控制激光束加热粉末，使其达到烧结温度，从而把塑料粉末烧结在一起，其他步骤和陶瓷粉末的烧结相同。塑料粉末的烧结为直接激光烧结，烧结好的制件一般不需要进行后续处理。

11.3.2　视频头选择性激光烧结（SLS）3D 打印原型制作过程

单击工具栏上的“开始制作”按钮，开始制作流程，原材料为尼龙 12。

1. 选择制作方式

模型制作可以从头开始制作，也可以根据不同需要进行设定。选择制作模式，并按“确定”按钮继续，如图 11-29 所示。

选择性激光烧结（SLS）3D 打印机可以无人值守，自动打印成形。在制作过程中，会在软件中实时显示制作当前层的信息和状态，如模型轮廓、填充线和模型支撑等。

2. 选择完成方式

模型制作完成后软件界面如图 11-30 所示。

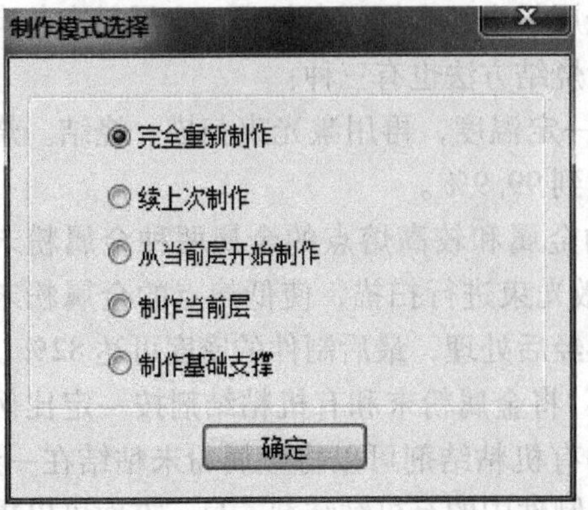

图 11-29　制作模式选择

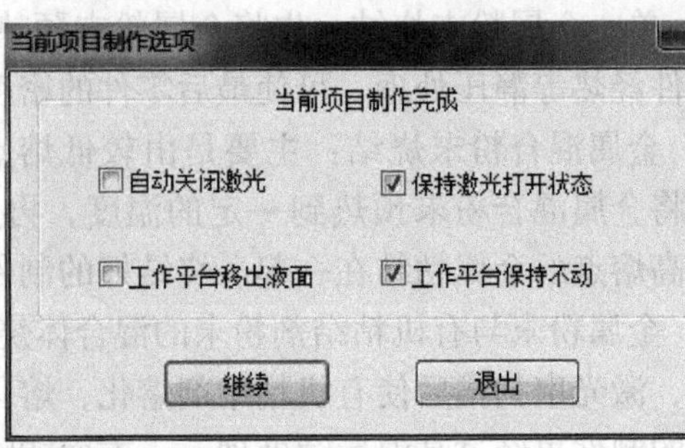

图 11-30　模型制作完成后软件界面

11.4 视频头选择性激光烧结（SLS）3D打印后处理

11.4.1 选择性激光烧结（SLS）3D打印后处理方法

根据不同材料坯体和不同的性能要求，可采用的后处理方法有：

1. 高温烧结

金属和陶瓷坯体均可用高温烧结的方法进行处理。坯体经高温烧结后，坯体内部孔隙减少，密度、强度增加，性能也得到改善。

在高温烧结后处理中，升高温度有助于界面反应，延长保温时间有利于通过界面反应建立平衡，使制件的密度、强度增加，均匀性和其他性能得到改善。

高温烧结后处理后，由于制件内部空隙减少会导致体积收缩，影响制件的尺寸精度。炉内温度梯度不均匀会造成制件各个方向收缩不一致而发生翘曲变形。

2. 热等静压

金属和陶瓷坯体均可采用热等静压后处理。热等静压后处理工艺是通过流体介质将高温、高压同时均匀地作用于坯体表面，消除其内部气孔，提高密度和强度，并改善其他性能。使用温度范围为0.5～0.7Tm（Tm为金属或陶瓷的熔点），压力为147 MPa以下，要求温度均匀、准确、波动小。热等静压后处理包括三个阶段：升温、保温和冷却。采用热等静压后处理方法可以使制件非常致密，这是其他后处理方法难以做到的，但制件的收缩也较大。

3. 熔浸

熔浸是将金属或陶瓷制件与另一低熔点的金属接触或浸埋在液态金属内，让液态金属填充制件的孔隙，冷却后得到致密的零件。在熔浸后处理过程中，制件的致密化过程不是靠制件本身的收缩，而主要是靠易熔成分从外面补充填满空隙，所以，经过这种后处理得到的零件致密度高，强度大，基本不产生收缩，尺寸变化小。

4. 浸渍

浸渍后处理和熔浸相似，不同的是浸渍将液态非金属物质浸入多孔的选择性激光烧结坯体的孔隙内，经过浸渍后处理的制件尺寸变化很小。

11.4.2 视频头选择性激光烧结（SLS）原型后处理

对已经做好的视频头SLS原型件，用以下方式进行后处理：

将附着在烧结件表面的粉末清理干净；称量好环氧树脂与稀释剂以及固化剂，以手工涂刷的方式浸渗树脂；涂刷完毕，用吸水纸将制件表面多余的树脂吸净；置于室温下4～6h自然晾干，再放置在60℃的烘箱中固化5h；最后对制件进行打磨、抛光。通过以上处理后，视频头表面质量、上色情况都得到改善，如图11-31所示。

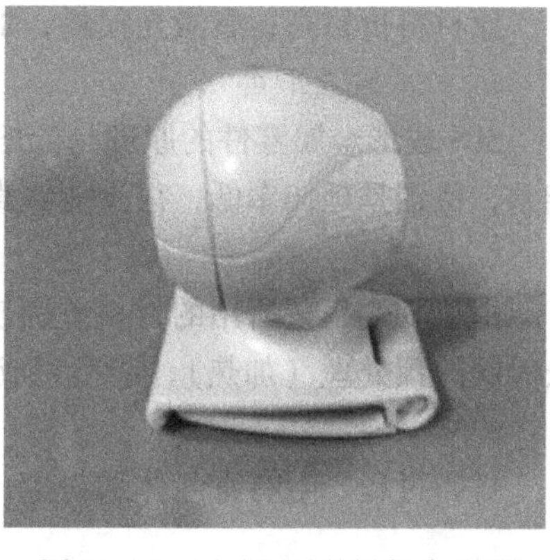

图11-31 后处理过的视频头原型

11.5 选择性激光烧结（SLS）3D打印的优点与缺点

11.5.1 选择性激光烧结（SLS）3D打印的优点与缺点

粉末材料选择性烧结和其他3D打印工艺相比，其最大的独特性就是能够直接制作金属制品，同时，该工艺还很多优点。

1. 材料范围广，开发前景广阔

从理论上讲，任何受热粘结的粉末都有被用作SLS成形材料的可能，通过材料或各类粘结剂涂层的颗粒制造出适应不同需要的任何原型。

2. 制造工艺简单

在计算机的控制下可以方便迅速地制造出传统加工方法难以实现的复杂形状的零件。在成形过程中不需要先设计支撑结构，未烧结的松散粉末可以作为自然支撑结构，这样省料、省时，也降低了对设计要求；可以成形任意几何形状的零件，尤其是含有悬臂结构、中空结构、槽中套槽结构等零件的制造特别方便、有效。

3. 精度高，材料利用率高

依赖于使用的材料种类和粒径、产品的几何形状和复杂程度，成形精度较高。当粉末粒径为0.1mm以下时，成形的原型精度可达到±1%。粉末材料可以回收利用，利用率近100%。

4. 材料价格便宜

所用进口材料的价格为10~132美元/kg，国产的材料为150~220元/kg。

5. 应用面广，生产周期短

各项高新技术的集中应用使得这种成形方法的生产周期短。随着成形材料的多样化，SLS工艺越来越适合于多种应用领域，例如用蜡做精密铸造蜡模、用热塑性塑料做消失模、用陶瓷做铸造陶瓷件、用金属粉末做金属零件等。

11.5.2 选择性激光烧结（SLS）3D打印的缺点

能量消耗高，原型表面粗糙疏松，对某些材料需要单独处理等。

1. 成本较高

原材料价格高；有激光损耗，加工时需要不断充氮气，采购维护成本都较高。

2. 力学性能不足

SLS成形金属零件的原理是低熔点粉末粘结高熔点粉末，导致制件的孔隙度高，力学性能差，特别是延伸率低，很少能够直接应用于金属功能零件的制造。

3. 需要比较复杂的辅助工艺

由于SLS工艺所用的材料差别较大，有时需要比较复杂的辅助工艺，如需要对原料进行长时间的预处理（加热）、造型完成后需要进行成品表面的粉末清理等。

4. 有环境污染

打印过程产生有毒气体和粉尘，造成环境污染。

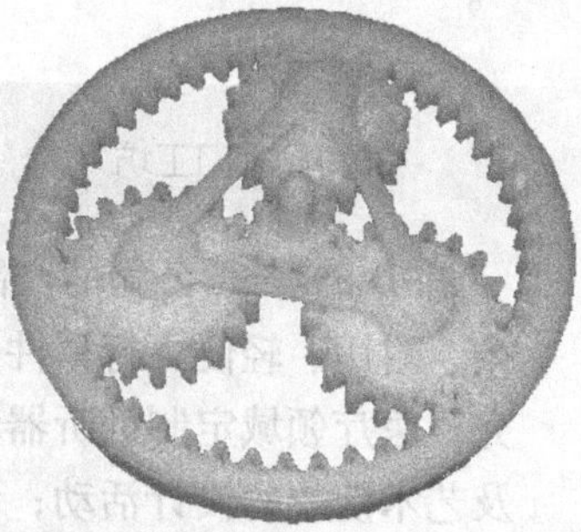

附 录

附录 A　国外 3D 打印典型企业

一、综合性 3D 打印企业

自 1984 年世界上第 1 台 3D 打印机出现以来，国外 3D 打印技术得到了蓬勃的发展。目前，国外 3D 打印产业正逐步形成完善的产业链，在技术开发和应用领域形成了成熟的 3D 打印企业。在 3D 打印行业中，美国 Steatasys 及 3D Systems 公司通过技术开发、兼并与整合成为了行业巨头，老牌科技产业公司惠普也进军 3D 产业并助力整个行业技术的发展。

1. 3D Systems 公司

1986 年立体光刻技术（SLA）的发明人 Chatles Hull 成立了 3D Systems 公司，是世界上第 1 家生产增材制造设备的公司。1988 年，3D Systems 公司成功研制了 3D 打印技术并发布选择性液态光固化树脂固化成形机，这是实现 3D 打印的基础。1996 年，3D Systems 公司推出了 Actua 2100，第 1 次使用了“3D 打印机”的称谓。2001 年底，3D Systems 开始施行收购计划来拓展公司的技术范围，包含有软件、材料、打印机。同期，3D Systems 收购了世界上第 1 台高精度彩色增材制造机的生产商及多色喷墨 3D 打印领域领导者 Z Corporation 公司。2014 年，3D Systems 公司收购了直接金属 3D 打印和制造领域的主要服务提供商 Layer Wise。2015 年，继续收购了全球第 1 个将熔融沉积成形技术商业化的 3D 打印企业 Bot Objects。

目前，经过多次并购，3D Systems 公司已经拥有多项 3D 打印技术，包括立体光刻技术（SLA）、选择性激光烧结技术（SLS）、彩色喷墨印刷技术（CJP）、熔融沉积成形技术（FDM）、多喷印技术（MJP）、直接金属烧结技术（DMS）。同时，截至 2015 年 12 月 31 日，3D Systems 已经拥有包括快速原型制造系统和方法在内的 1114 项技术创新专利，另有 264 项专利正在申请过程中。3D Systems 打印产品线包括工业级、专业级和消费级。在工业级，其 3D 打印机产品为 i Pro 系列，该系列产品基于三维立体平版印刷（SLA）、选择性激光烧结（SLS）和选择性激光熔化成形（SLM）技术分化出 10 多款不同型号（如 Pro Jet 6000、Pro Jet 7000 等）。在专业级，3D Systems 公司 Projet 系列的 20 余款 3D 打印机产品分别适用于不同的行业（如 Pro Jet 3500、Zprinter 650、Zprinter 850 等）。在消费级，其知名的 3D 打印机为基于熔融堆积成形（FDM）技术的 Cube 系列产品。

3D Systems 公司的产品和服务已经在许多行业得到广泛的应用。例如：航天领域对于复杂、耐用、轻便飞行零件的制造和加工；汽车制造领域设计验证、可视化及新型发动机的研究；医疗领域定制助听器和假肢，设计更灵活的医疗器械；教育领域对于方程、几何可视化及艺术院校的设计活动；制造行业加快产品开发周期等。然而 3D Systems 没有局限于 3D 打印设备制造的领域，而是更专注于内容打印解决方案，包括3D 打印耗材、3D 打印机、按需定制组件服务和 3D 数字模型制作软件。

3D 打印机使用的专有材料也是3D Systems 公司的重要业务，工程塑料、复合材料和金属类材料等打印材料销售额占总销售额的近 30%。3D Systems 服务的销售额比印刷材料新材料产业还要高，主要的服务包括为客户提供数字成像和设计——三维 CAD 建模，性能设计的 3D 创作工具，复制和测量。同时，还提供专有软件的打印机驱动程序，应用开发和定制设计解决方案的安装，保养及维修服务。除此之外，3D Systems 还提供了一套全面的按需定制（on-demand）服务，以满足客户从设计到生产的全流程要求。3D Systems 还为客户提供专有的软件工具，包括 Alibre Design，Cubify Invent 和 Rapidform。针对消费级市场，3D Systems 建立了 Cubify 网站，通过线上为客户提供内容创作，内容下载和共享以及线上打印功能。针对工业级市场，3D Systems 建立了 Quickparts 网站，专注于工业级的定制要求。

3D Systems 已经逐渐发展为全球化的 3D 打印企业，其硬件销售、耗材销售、服务销售是企业发展的 3 大支柱。在未来 3D Systems 将在丰富的产品线基础上，进一步向消费级、高端和专用（医疗）领域发展，扩大市场占有量；增加打印材料的研发投入，生产下一代打印材料；重视 3D 扫描、设计、测量软件的集成，为客户提供端到端的解决方案；发展云制造，不仅要成为3D 打印机领先的供应商，而且要成为3D 打印服务的优质提供商。

2. Steatasys 公司

1989 年，Scott Crump 成功开发出 FDA（熔 融 快 速 成 型）技术并与同伴共同创立了 Steatasys 公司。Steatasys 在 1992 年推出其 3D 打印的首个产品。1995 年该公司收购了 IBM 相关技术；2011 年 5 月，Stratasys 收购了 Solidscape 公司，从而获得了蜡模和铸件制作的先进技术；2012 年 4 月，Stratasys 以 14 亿美元收购了拥有 Polyjet Matrix 技术的以色列 Objet 公司；2013 年 6 月，继续收购了 Maker Bot 公司，加强了在桌面消费级市场的影响力。

兼并整合后的 Steatasys 公司拥有 4 大技术平台：FDM 技术、Polyjet Matrix 技术、Smooth Curvature Printing 技术及 Extruded Plastic Filament 技术，这 4 种技术特色见表 A-1。截至 2015 年 12 月 31 日，Stratasys 公司已经在世界各国拥有 800 多个专利。

表 A-1　Steatasys 公司拥有的 4 大技术平台

技　术	材　料	产品特色
FDM 技术	热塑性材料	耐久性、环境友好
Polyjet Matrix 技术	树脂类材料	表面质量高、细节丰富
Smooth Curvature Printing 技术	热塑性材料	高精密性
Extruded Plastic Filament 技术	热塑性挤压型材料	桌面级

按照用途及容量分类，Stratasys 的打印机产品有 Idea、Design、Production 和 Dental 4 个系列。各系列打印机产品见表 A-2。

此外，收购 Maker Bot 后，Stratasys 得到 Maker Bot Replicator2 的桌面级和实验室级 3D 打印机产品以及相关的扫描设备 Digitizer 3DScanner、3D 打印网站 Thingiverse 等。

表 A-2　Stratasys 公司打印机产品

产　品	用　途	品　牌	技　术	产品特性
Idea 系列	主要用于教学以及建立概念模型	Mo Jo；u Print	FDM	桌面级
Design 系列	快速建模和解决企业的设计研发过程与工程之间的问题	Dimension	FDM	使用材料是 ABS 塑料；产品韧性、强度高，适用于产品研发环节和功能检验
		Connex；Eden；Desktop	Polyj	精确度较高，表面光滑，能够精确地打印出构造复杂的产品
Production 系列	应用于直接生产工业成品零件	Fortus	FDM	提供具有可预测的机械、化学和热力学特性的耐用、高精度零件
		Solidscape	Polyj	专注于为消费和电子行业直接生产高精度的零件
Dental 系列	提高牙科实验室的准确性、生产率和生产能力	Objet30 Orthodesk；Objet30 Dental Prime 等	Polyj	牙科和畸齿矫正专用材料

目前，Stratasys 的产品在概念建模、功能性原型设计及实现、制造加工、最终用途零件生产、修整零件及高级应用方面取得了广泛的应用。概念建模具体应用实例有建筑模型、人体工程学研究、市场营销和设计；功能性原型设计在活动铰链、模拟成形、软触感零件方面得到了成功的实践；修整更是包含了喷砂处理、粘合和胶合、电镀、质量精加工、上漆、PPSF 精加工、密封 FDM 零件、平滑 FDM 零件方面的应用。此外，还有 MRI 组件、优化支撑、可溶性芯三方面的高级应用。

3. 惠普公司

惠普公司于 2015 年 11 月正式分拆为两家独立的公司，其中 HP Inc. 公司主要控制和经营公司的打印机和计算机产品。公司成立了专门研发 3D 打印机及其衍生服务和产品的新部门。2016 年 5 月 17 日，惠普宣布发布两款打印速度更快、成本更低的高端 3D 打印机 HP Jet Fusion 3D 3200 和 4200。与其他高端 3D 打印机不同的是，该打印机采用多射流熔融技术（MJF），不使用激光处理打印材料，在使用热“喷墨”阵列引入添加化学剂融合材料前，它会铺设薄薄一层粉末，这令惠普打印的物体层层分隔，直到物体全部完成。

HP Jet Fusion 3D 3200 主要是为快速原型而设计的，而 4200 则主要用于快速制造。4200 具备更高的制造能力水平，其 3D 打印速度提升了 25%，冷却速度提升了 5 倍，加入紧急需要处理机制：即可以在正在进行的打印作业中添加额外部件的功能。这两个系统的热力学控制功能可以实时控制打印床上的 900 个点，从而可以使每一层粉末的质量保持一致，甚至可以根据需要进行逐层的纠正。这 2 款机器都有 3 个打印头，每个打印头上都有 1 万个喷嘴，分辨率可达 1200dpi。目前的尺寸精度为 0.2mm。3200 和 4200 目前使用的都是热塑性塑料，并且可以对打印对象进行清理、回收打印材料。

惠普解决了当前3D打印技术面临的3个主要问题：速度、精度和成本。惠普3D打印机在打印速度方面有很大的突破，同样批量生产1000个齿轮，使用新多喷头熔融技术的惠普打印机只需3h即可完成，现有3D打印机至少需要38h才能完成，惠普比使用高品质的激光烧结设备快10倍以上。在价格方面，可将打印成本降低50%。该技术通过先铺一层粉末，接着喷射熔剂，与此同时还会喷射一种精细剂（detailing agent），然后再在上面施加一次热源的工作方式保证了打印对象边缘的精细度。

惠普3D打印机的问世引起了3D打印的新变革，一经发布就引起了体育运动产品巨头耐克、汽车制造业巨头宝马的青睐。未来惠普将着力发展嵌入式智能打印，如零部件中的传感器，通过嵌入式信息打印零部件的3D打印技术。

二、特定领域和细分市场3D打印企业

除了以上综合性龙头企业外，3D打印行业还存在一些独立运作的3D打印设备制造商，包括德国Concept Laser公司、EOS公司等，它们分别在特定领域和细分市场具有优势。

1. 德国Concept Laser公司

该公司拥有Laser CUSING技术专利，在激光熔化技术领域处于领先地位。Concept Laser公司的3D打印机产品见表A-3。企业的主打产品是X系列1000R工业级3D打印平台，具有高打印速度、良好的表面质量以及稳定的打印质量优势。它可以处理各种各样的金属零部件，如热作模具钢、不锈钢、镍基合金、钴-铬合金，活性粉末材料如铝，贵金属等。除了应用于汽车、航空航天外，在医疗、珠宝设计等方面也有广泛的应用。

表A-3　Concept Laser公司的3D打印机产品表

3D打印机	应用领域	产品
Mlab cusing/Mlab cusing R 金属快速成形机	牙科行业、珠宝行业	生产牙科植入物、牙冠、活动支架
M1 cusing金属激光熔铸系统 M2 cusing/M2 cusing Mutilaser金属打印机	医疗保健、航空航天、高科技工程、电子、机械、模具行业制造	机械、模具
X line 2000R激光3D打印机	航空航天、汽车行业	汽车和航空工业大尺寸部件

Concept Laser公司占据了一定的3D打印机市场，截至2015年末，全世界Concept Laser激光熔融设备的安装数量总计已超过550台。在未来，Concept Laser公司将开发模块化结构的新设备。这种结构可以以任意数量组合出不同的产品，从而形成完全自动化的机器网络，在进行部件的精加工生产过程中，实现增材技术设备和常规设备的自动化和互联化。

2. 德国EOS公司

1989年，Dr. Hans Langer和Dr. Hans Steinbichler合伙发明了基于SLS和SLA的快速成形RP（Rapid Prototyping）和增量制造AM（Additive Manufactuing）技术，在此基础上成立了德国EOS公司（Electro Optical System）。EOS公司现在已经是世界著名的快速成形设备制造商和E制造方案提供商，其塑料类材料的粉末烧结成形技术处于世界领先的地位。EOS公

司申请的专利可划分为 4 个方面：烧结工艺、烧结装置、烧结材料和辅助设备。

EOS 公司快速成形产品有：Formigap 系列、砂质打印机 EOSINTS 系列、基于 DMLS 技术的金属 3D 打印机 EOSINTM 系列及基于 SLS 的塑料 3D 打印机 EOSINTP 系列，其服务的产品涵盖了飞机、汽车、发动机、民用、医疗、工业工具、机电设备等领域。

3. 美国 Sciaky 公司

Sciaky 公司是一家专业焊接公司，电子束焊接是公司的核心竞争力。在 3D 打印领域，Sciaky 公司在 2009 年推出了系列电子束增材制造（EBAM）设备。EBAM 是世界上最快的金属 3D 打印工艺，利用功率高达 42kW 的电子束枪，可打印 15 ~40 磅/h 的金属钛，而大多数竞争者仅能达到 5 磅/h（1 磅 =0. 454kg）。

Sciaky 又推出了 4 款具有中等尺寸、大尺寸和超大尺寸金属部件打印能力的 EBAM 金属 3D 打印设备。除此之外还包括全新的 150 系列、110 系列（大 型）、88 系列和 68 系列（中型）等机型。使用 EBAM 技术生产的 F-35 的襟副翼翼梁成本更低、寿命更长。目前，EBDM技术已经参与了美国国防部、空军等的多项研发。

4. 美国 EFESTO 公司

美国 EFESTO 公司的核心竞争力在于大尺寸金属 3D 打印技术，其最大的金属 3D 打印机 EFESTO 557 拥有一个 1500mm×1500mm×2100mm 的超大构建室。EFESTO 公司利用激光金属沉积（Laser Metal Deposition，简称 LMD）技术，能够3D 打印各种各样的金属材料，包括钴、镍、钢，以及铝和钛制成的合金材料。

5. 美国 Ex One 公司

Ex One 公司主要业务是工业级打印机的生产销售与 3D 打印服务。Ex One 公司的技术独到之处是可以打印砂子，所以非常适合制作铸造用的砂模，此外，Ex One 的设备还可以打印玻璃等材质，制作空间结构复杂的玻璃制品。

Ex One 公司仅生产工业级打印机，产品主要应用于航空、汽车、重型机械和能源石油天然气 4 个领域。Ex One 生产的 3D 打印机建立在 4 个平台之上，按照打印机容量从大到小分别是 Max、Print、Flex 和 Lab，产品中 S 系列主要用于建立模型模具，M 系列主要用于直接打印。具体平台与产品见表 A-4。

表 A-4 Ex One 公司打印机平台及产品表

平 台	容 量	产 品
Max 平台	大容量和强打印能力	S Max 和 S 15（S Max 之前产品）
Print 平台	中等型号	S Print 和 M Print
Flex 平台	容量比 Print 更小一些	M Flex
Lab 平台	容量最小	S Lab

6. 法国 Prodways 公司

法国 Prodways 公司是 MOVING Light 专利的拥有者，该专利结合了 DLP 和 UVA LED 技术。其产品包括 Pro Maker L 及 Pro Maker V 两个系列，L 系列 3D 打印机使用光固化树脂材料，而 V 系列使用复合材料。L 系列打印机在用液体光固化树脂材料打印时，其速度比目前市场标准要快；V 系列用于高负载、高黏度，特别是陶瓷和金属复合部件的制造。2015 年

11月10日，Prodways宣布推出其最新的Pro Maker P系列工业级SLS 3D打印机。P系列3D打印机以一种紧凑的结构提供顶尖的工业级性能，除此之外，还能够以高达220℃的温度打印高性能材料。

7. 瑞典Arcam AB公司

瑞典Arcam AB公司是世界上首个用电子束熔融金属粉末，并经计算机辅助设计精密铸造的设备制造者。该设备能用于加工专为病人量身定做、植入手术所需的人工关节或其他精密部件等。公司业务主要集中于航空航天和骨科植入物。

8. 日本沙迪克（Sodick）公司

日本沙迪克公司开发出了3D打印机OPM250L，这款打印机采用金属光成形复合加工方法，利用激光熔融凝固金属粉末的沉积成形与基于切削加工的精加工组合在一起。

9. 日本马扎克（Mazak）公司

Integrex i-400am是Mazak公司开发的将金属3D打印机熔融沉积成形与机械加工中心的切削加工融为一体混合多任务设备。Integrex i-400am采用的是激光烧结增材制造方法，光纤激光热源熔化金属粉末，熔覆头（即喷嘴）通过读取CAD定义的模型来熔融材料，该系统还可以加入不同类型的金属对象，修复现有的磨损或损坏部件，尤其修复航空涡轮叶片，极大地节约了成本。

10. 美国Printrbot公司

美国人Brook Drumm设计了最简易组装的Printrbot系列打印机组件并于2011年成立了Printrbot公司。Printrbot公司旨在为3D打印制造商、DIY爱好者及教育工作者提供物美价廉的3D打印机。截至2013年6月，Printrbot有4种型号的打印机，分别是Printrbot Simple、Printrbot Jr、Printrbot LC、Printrbot Plus。

11. 荷兰Shapeways公司

Shapeways公司通过社交网络把“全价值链”搬到了线上，可以说是3D Systems的网络版。Shapeways利用3D打印技术为客户提供3D打印服务。Shapeways联系上游3D打印机制造企业的支持，实现下游用户的个性化打印需求。截至到2016年2月，Shapeways在开放的社区平台中大约有7000名产品设计、制造师，并且有将近20万的用户关注并参与3D线上平台。

总体而言，国外3D企业依托相关技术发展得较为成熟，既形成了美国3D Systems、Steatasys等包含3D打印机、相关3D打印软件、打印材料、3D打印服务在内的综合性3D打印公司，也形成了特定领域和细分市场的3D打印公司。3D打印机产品种类繁多，并且在不断地向高打印速度与精度、低成本、低耗材、环境友好的方向发展。

附录B 国内3D打印典型企业

一、国内主要3D打印公司概况

1. 3D打印企业地域分布

根据中国3D打印技术产业联盟成员、百度搜索排名靠前企业、三迪时空网推荐企业，共统计了130家3D打印公司，见表B-1。

表 B-1 130 家国内主要 3D 打印企业业务范围、涉及工艺等相关情况统计

（单位：家）

统计项	研发能力	代理产品	桌面机	工业机	生物机	建筑打印	医疗用途
企业数	89	49	78	66	5	4	30
统计项	耗材	软件	零件	数字化服务	三维扫描	网络平台	打印服务
企业数	39	21	6	35	49	7	102
涉及工艺	FDM	DLP	SLA	SLS	3DP	Polyjet	LOM
企业数	86	12	27	36	17	16	2

2. 业务方向统计分析

国内 130 家 3D 打印公司统计数据主要从企业业务类型、研发方向、涉及工艺等方面进行，只反映企业数量，不统计企业规模、资本等情况。数据来自联盟网页介绍、百度百科、三迪时空网介绍、企业面谈以及企业官方网站。由数据可以看出，有 89 家企业对外宣称拥有研发能力，占总数的 68.46%，而拥有代理其他品牌产品业务的企业有 49 家，占 37.69%。表 B-1 中未列出的是，有且仅有代理业务的 3D 打印企业有 35 家，占总数的 26.92%，这部分企业主要以提供 3D 打印服务、代理销售其他品牌打印机为生，未涉及任何技术研发。由于该高新技术行业中许多企业在公开媒体表明其有研发能力，而实际上还未涉及研发项目，仅仅是打算进入科技研发、成立研发团队，纯代理的实际企业数量应比统计要高。130 家企业中，有 109 家涉及 3D 打印机业务，包括代理或研发桌面级、工业级、生物级各工艺的 3D 打印机，占总数的 83.85%，因此国内 3D 打印设备是一大重要发展方向。其中，涉及桌面机的有 78 家 ，占 109 家企业的 71.56%，并且，所有包含桌面级 3D 打印机相关业务的企业全部都使用了专利已过期的 FDM 技术，部分企业涉及开源的 DLP、SLA 技术。而 SLS、3DP、Polyjet 等技术未有重要开源资源出现，门槛较高，主要应用于工业机。尤其是 Polyjet 技术为 Stratasys 公司垄断；3DP 技术仅有一家上海公司宣告研发成功，但其产品还未流入市场，该技术基本由 3D System 公司垄断。工业机中，国内最受欢迎的为 SLS 技术，尤其是金属粉末打印方面，涌现出了相当多的优秀公司。

3. 研发方向统计数据分析

89 家具有研究能力的企业中，有 61 家企业有 3D 打印设备的研发。由表 B-2 中可看出，有 48 家企业都推出了自己品牌的桌面级 3D 打印机，占研发打印设备企业的 78.69%，总的桌面机型号数量逾百种。其中有 46 家企业研发的都是桌面级 FDM 机，可以说这一部分企业产品都是优化了 FDM 开源技术，然后再在细节上予以改进而推出的。绝大部分企业没有研发出自己产品的亮点，更多的是在外观、精度、稳定性、生产成本方面做改变，其核心部件却大致相同。纵然如此，在这样一个百家齐鸣的研究领域，国内 FDM 桌面 3D 打印机的细节方面日益增进，性能上其实已远超国际巨头 Makerbot 的机型，价格方面也有相当的优势。国产企业在捍卫住市场之后，很快便会出现激烈的良性技术竞争，最终受益的将是消费端客户。

表 B-2 89 家国内主要 3D 打印企业研发方向及工艺 （单位：家）

研发项	桌面机	工业机	生物机	扫描仪	耗材	软件	零件
企业数	48	28	4	14	24	11	4
统计项	桌面 FDM	桌面 DLP	工业 FDM	工业 DLP	工业 SLS	工业 SLA	工业 3DP
企业数	46	8	8	1	14	9	2

二、国内知名 3D 打印企业

1. 武汉滨湖机电技术产业有限公司

武汉滨湖机电技术产业有限公司，由华中科技大学 20 世纪 80 年代的老校长黄树槐先生所创办，是国内最早从事快速成形技术（俗称 3D 打印）研究的企业之一；2006 年在蔡道生博士的继承和带领下，推出了当时国内外最大加工尺寸和一机多材的粉末烧结设备，并快速成长为国内快速成形设备最齐全、成形材料最齐全、成形台面最大的高新技术企业。2014 年经过市场化改制，公司由依托华中科技大学的快速制造中心逐渐改制为股份制企业，生产 3D 打印系统，提供快速成形/快速制模成套技术，并进行相关技术服务和咨询。目前，同类设备的市场化已由国内延伸至国外的越南、新加坡、俄罗斯、巴西、英国等国家。

华中科技大学为加速高新技术转化为生产力，1996 年，由华中科技大学、武汉市科委和深圳创新投资集团共同组建了武汉滨湖机电技术产业有限公司，并被武汉市政府批准为高新技术企业。

2000 年 7 月，本公司的 HRP-IIIA 快速成形系统通过了湖北省科学技术厅组织的“薄材叠层快速成形技术及系统”鉴定，鉴定委员会由工程院院士、863 专家组负责人、国内知名专家教授及高级工程技术人员组成，鉴定委员会认为 HRP-IIIA 快速成形系统的主要技术性能指标达到 20 世纪 90 年代末期国际领先水平。

1998 年以来，公司还研制成功了基于粉末烧结方法的 HRPS 系列快速成形系统，以粉末为原料，可直接制成铸型、型芯或零件。2001 年 4 月，本公司的 HRPS-IIIA 快速成形系统通过了湖北省科学技术厅组织的“选择性激光烧结快速成形技术及系统”鉴定，鉴定委员会认为 HRPS-III 快速成形系统制件精度达到国际同类产品水平，综合性能指标达到国际先进水平。2005 年，本公司又研制出 HRPM 系列金属粉末熔化快速成形系统，其性能指标达到国际同类产品水平。

目前公司可向社会提供 HRPS（基于粉末烧结）、HRPM（基于粉末熔化）、HRPL（基于光固化）、HZK（真空注型）和 HRE（三维反求）系列、多种型号的成套快速成形制造系统。

2. 杭州先临三维科技股份有限公司

杭州先临三维科技股份有限公司，是一家专业提供三维数字化技术综合解决方案的国家火炬计划高新技术企业。公司专注于三维数字化与 3D 打印技术，融合这两项技术，为制造业、医疗、文化创意、教育等领域的客户创造价值。

公司成立于 2004 年，于 2014 年 8 月 8 日在新三板挂牌上市，为中国三维数字化与 3D 打印行业上市第一股，公司以杭州为总部，在上海、北京、南京、广州、成都等地设有分支机构。

公司申请和授权专利近50项，软件著作权20项，在综合实力、销售规模、技术种类、服务保障能力等多方面均处于行业领先水平，是国家白光三维测量系统（三维扫描仪）行业标准的第一起草单位。

从高精度三维数字化（三维数据的准确获取）——三维软件建模/检测（三维数据的高效处理）——3D打印/快速制造（三维数据输出）——三维动态展示，公司的三维数字技术综合解决方案已经成功运用于众多行业，如汽车制造、航空航天、模具制造、电子电器、消费品、牙科、骨科、文物古建、雕刻、建筑、能源、科研、职业教育等，帮助这些行业的客户提高效率、提升品质，并降低损耗。

3. 北京殷华激光快速成形与模具技术有限公司

北京殷华激光快速成形与模具技术有限公司是清华大学企业集团下属的高科技企业，是清华大学科技园区的“一颗明珠”，主要从事快速成形系统，软、硬件研发，快速制模设备以及专用耗材的开发、生产和销售。公司联合上游的机械产品三维设计软件供应商和下游的真空注型、逆向工程设备厂商，为客户提供全面的产品开发、试制、小批量生产解决方案。

北京殷华公司是一家高科技企业，是我国率先进入快速成形领域的经济实体，公司研发力量主要依托清华大学激光快速成形中心，有博士导师2人、教授4人、博士25人组成强大科研队伍，使公司科研水平在同行保持强势；公司生产的设备精度高，安全可靠性强，已拥有数十项发明专利、实用新型专利，同时，公司也非常注重科研成果商品化，形成了强大的销售及服务体系，在上海、广东建立了分支机构，在韩国设有代理机构，以便更好地提高我们的服务质量。

北京殷华公司在现代制造业内的实力得到普遍认可，声誉极高，与许多国际著名企业保持良好的业务往来，如美国宝洁公司、微软等。为保持技术领先，公司不断加大科研投入，也使得公司的快速成形设备日臻完善，保持业界领先。公司设备远销韩国、泰国等国家，并将其高品质的产品和技术服务于大型国有企业、外企及军工等单位。

4. 中航天地激光科技有限公司

中航天地激光科技有限公司（以下简称：中航工业激光）为世界五百强企业中航工业集团的成员单位，由中航重机股份有限公司与北京航空航天大学、北京市共同发起设立，负责实施激光快速成形技术的产业化。

中航激光2011年12月注册成立，注册资本金1.1亿元，地址位于北京市昌平区中关村科技园区，拟在昌平区百善镇建设200亩研发生产基地，主要从事大型钛合金、高强钢等高性能金属结构件激光快速成形技术的研发、生产加工及销售。产品主要应用于先进战机、大型飞机、高推重比航空发动机、重型燃气轮机、航天、船舶等重大工业装备。

公司核心技术来源于公司副董事长、首席科学家王华明教授研发团队十余年对激光快速成形技术的研发成果，该技术成果荣获2013年国家技术发明一等奖，得到国家领导人的高度重视。

公司以北京航空航天大学国际领先的大型金属构件激光直接制造技术为基础，依托北京航空航天大学航空科学与技术国家实验室、大型整体金属构件教育部工程研究中心和北京市大型关键金属构件激光直接制造工程技术研究中心雄厚的研究基础。

5. 湖南华曙高科技有限责任公司

湖南华曙高科技有限责任公司（Hunan Farsoon High-Technology Co.，Ltd）位于长沙国

家高新技术产业开发区麓谷，创建于2009年，是一家集研发、生产、销售、服务于一体的高新技术企业，专业从事不同材料产品（包括塑胶、金属、陶瓷等）的3D打印（增材制造）技术研究，公司主攻选择性激光烧结（SLS®）设备制造、材料生产和加工服务三项主营业务，服务于汽车、军工、航空航天、机械制造、医疗器械、房地产、动漫、玩具等行业。

公司的许小曙博士是全球3D打印（增材制造）技术专家（AMUG协会（Additive Manufacturing Users Group）亚太区理事、AMUG协会终身成就奖获得者、R&D100奖获得者、湖南省首批“百人计划”专家）。在他的领导下，集合一批具有国际一流水平的专业从事增材制造、高分子材料、计算机软件、机械制造等行业拥有丰富经验的专家及海外留学归国人才，组成了具有行业领先水平的技术研发与生产团队。经历近三年创业维艰的历程，终于成功研制出中国首台工业级3D打印机（高端选择性激光烧结尼龙设备），成为继美国3D SYSTEMS公司、德国EOS公司后，世界上第三家该项设备制造商；同时，华曙成功研制出选择性激光烧结尼龙材料，成为继德国Evonik公司后，世界上第二家该类材料制造商；既制造设备，又生产材料，还从事终端产品加工服务，独立构成了选择性激光烧结技术（SLS）完整产业链的企业，华曙高科是全球唯一一家。

2012年夏，华曙高科制造的工业级3D打印机（高端选择性激光尼龙烧结设备），正式启运返销美国；SLS尼龙粉末材料在供应国内市场的同时，也成功销往美国、瑞典、意大利等海外市场。华曙高科以自身具备的选择性激光烧结设备制造和材料生产技术、成熟的市场运作能力和完善的生产与品质保障系统，成为中国高科技产业的一支重要力量。在创新成为核心竞争力的现代市场，华曙高科把握国内外产业发展机遇，以产品高性价比优势进军海外市场；以标准化、高品质产品引领国内市场，提升国内先进制造业水平。

6. 飞而康快速制造科技有限责任公司

飞而康快速制造科技有限责任公司成立于2012年8月，致力于生产符合国际标准的航空级钛合金粉末，同时利用3D打印（即增材制造技术）及热等静压技术，近净成形加工复杂部件，并为熔模铸造加工精密模具。产品主要应用于航空航天、汽车、石油化工与天然气行业，也可用于医疗器械、电子器件等行业。

公司由国家科技部牵头，引进了来自英国、澳大利亚的研发团队，凝聚了世界材料研究和加工领域顶级的专家和人才。公司致力于生产符合国际标准的航空级粉末产品，同时利用增材制造技术及热等静压技术，近净成形加工复杂部件。此技术将为航空航天、机械模具、医疗、汽车、消费品、能源、化工等行业低碳先进快速制造带来革命性变化。公司投产的精密模具加工可以弥补中国缺乏航空航天标准精密模具的空白；同时期发展的航空材料测试中心，引进先进的国外研发理念，为推动科研技术产业化提供科学依据，改变中国生产与科研脱节的现状。

7. 南京紫金立德电子有限公司

南京紫金立德电子有限公司（以下简称紫金立德）隶属于江苏紫金电子集团有限公司，是一家中以合资企业，中方持股75%，注册资本为3000万美元，注册地为南京经济技术开发区。紫金立德公司成立于2008年9月，现有员工100余人，拥有各类管理与技术人员30余人。公司总占地面积为33380m^2，厂房建筑面积为23000m^2。

公司专业从事3D打印机（三维快速成形机）及其耗材的开发、生产、销售，并提供相关服务。产品的应用领域极为广泛，主要包括工业设计、智能制造、高等教育、文化创意、生物医疗、建筑设计等行业。紫金立德公司现拥有年产 5000 台桌面式 3D 打印机的生产能力，产品市场遍布美国、英国、法国、德国、中国、荷兰、日本、韩国等 30 多个经济技术发达的国家和地区。

8. 陕西恒通智能机器有限公司

陕西恒通智能机器有限公司，作为教育部快速成形工程中心的产业化实体，注册资金 2796 万元。公司以西安交大先进制造技术研究所为技术支持，主要研制、生产和销售各种型号的激光快速成形设备、快速模具设备及三维反求设备，同时从事快速原型制作、快速模具制造以及逆向工程服务。公司产品及服务在全国各院校、汽车电器等企业销售开展十多年，客户近万家，近年已在多个地区成功开展产学研结合的推广基地、制造中心等项目。

公司于 1997 年研制并销售出国内第一台光固化成形机，现已开发出激光快速成形机、紫外光快速成形机、真空浇注成形机、三维面扫描抄数机、三维数字散斑动态测量分析系统等 10 余种型号、20 余个规格的系列产品以及 9 种型号的配套光固化树脂等多项处于国内领先、国际先进的技术成果。公司拥有多项专利，并荣获国家科技进步二等奖、国家重点新产品以及省部级的多项奖励。公司产品及服务遍及世界各地，已成为集快速成形装备制造及快速原型服务于一体的快速成形行业领军企业。

参考文献

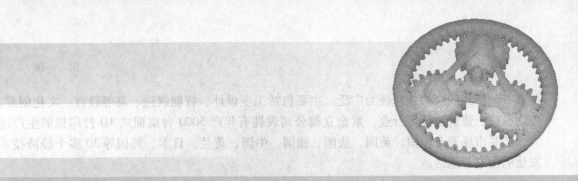

[1] 江洪，张晓丹．国外 3D 打印企业发展状况研究［J］，新材料产业，2017，(1)：14-19.
[2] 柴源，柴世学，宋莉．中国主要 3D 打印企业现状及人才战略解析［J］，企业研究，2015 (10)，64-68.
[3] 原红玲．快速制造技术及应用［M］．北京：航空工业出版社，2015.
[4] 余冬梅，方奥，张建斌．3D 打印技术和应用［J］，金属世界，2013，(6)：6-11.
[5] 杜宇雷，孙菲菲，原光，等．3D 打印材料的发展现状［J］．徐州工程学院学报（自然科学版），2014，29 (1)：20-24.
[6] 王运赣．三维打印自由成形［M］．北京：机械工业出版社，2012.
[7] 王广春，赵国群．快速成形与快速模具制造技术及其应用［M］．北京：机械工业出版社，2013.
[8] 祖文明．逆向工程技术的应用及国内外研究的现状及发展趋势［J］．价值工程，2011，(21)：30-31.
[9] 梁晋，李兵．逆向工程测量技术培训教材［M］．北京：快速制造国家工程研究中心，2011.